Tamer Abdelmoneim

Utilização de microrganismos ou dos seus produtos para o controlo dos nemátodos das plantas

Tamer Abdelmoneim

Utilização de microrganismos ou dos seus produtos para o controlo dos nemátodos das plantas

ScienciaScripts

Imprint
Any brand names and product names mentioned in this book are subject to trademark, brand or patent protection and are trademarks or registered trademarks of their respective holders. The use of brand names, product names, common names, trade names, product descriptions etc. even without a particular marking in this work is in no way to be construed to mean that such names may be regarded as unrestricted in respect of trademark and brand protection legislation and could thus be used by anyone.

Cover image: www.ingimage.com

This book is a translation from the original published under ISBN 978-3-659-54774-4.

Publisher:
Sciencia Scripts
is a trademark of
Dodo Books Indian Ocean Ltd. and OmniScriptum S.R.L publishing group

120 High Road, East Finchley, London, N2 9ED, United Kingdom
Str. Armeneasca 28/1, office 1, Chisinau MD-2012, Republic of Moldova, Europe
Printed at: see last page
ISBN: 978-620-8-04811-2

Índice:

UTILIZANDO ALGUNS MICRORGANISMOS OU OS SEUS PRODUTOS PARA O CONTROLO DE PARASITAS DE PLANTAS NEMATODES

POR

TAMER SHAWKY ABD-EL-MONEIM

DEPARTAMENTO DE BOTÂNICA AGRÍCOLA, FACULDADE DE AGRICULTURA, UNIVERSIDADE DO CANAL DO SUEZ

RECONHECIMENTO

EM PRIMEIRO LUGAR E EM ÚLTIMO LUGAR, GRAÇAS A ALÁ

Dr. ***Samia Ibrahim Massoud*** (Professor de Patologia Vegetal, Faculdade de Agricultura, Universidade do Canal do Suez, Ismailia) por ter sugerido o problema, supervisionado e orientado esta investigação, preparado o manuscrito e recebido críticas valiosas ao longo do trabalho.

Dr. ***Mohamed Anwar Abd-El-Sattar,*** (Professor de Patologia Vegetal, Faculdade de Agricultura, Universidade do Canal do Suez, Ismailia) pela sua ajuda nesta investigação e pelos seus conselhos sinceros.

Agradecimentos especiais são devidos ao *Dr.* ***Mahmoud Refat,*** (Professor Associado de Genética, Faculdade de Agricultura, Universidade do Canal do Suez, Ismailia) pelo seu interesse e orientação na revisão do manuscrito.

Dr. ***Gamal El-Kady,*** (Professor de Zoologia, Departamento de Proteção das Plantas, Faculdade de Agricultura, Universidade do Canal do Suez, Ismailia) pela sua ajuda neste trabalho.

Agradecimentos também devidos a todos os membros do pessoal do Departamento de Botânica Agrícola, Faculdade de Agricultura, Universidade do Canal de Suez.

INTRODUÇÃO

Os nemátodos das galhas, espécies de *Meloidogyne*, são pragas graves de muitas culturas agrícolas, causando-lhes enormes perdas de rendimento, especialmente em climas subtropicais e tropicais. Os produtos hortícolas sazonais são um dos principais grupos de plantas altamente susceptíveis aos nemátodos das galhas e apresentam perdas de rendimento consideráveis. A sua distribuição bastante ampla no Egito, a extensa gama de hospedeiros e a associação com fungos, bactérias e vírus em complexos de doenças, colocam-nos no topo da lista de importantes agentes causadores de doenças.

Os nemátodos parasitas das plantas causam perdas de culturas para a agricultura estimadas em 78 mil milhões de dólares a nível mundial, **Palm** (1981). Nos países em desenvolvimento, a preocupação ambiental aumentou, o que causou a eventual retirada de nematicidas como o brometo de metilo do mercado e a rápida redução do número de nematicidas restantes disponíveis para os agricultores. Foram efectuadas várias tentativas para controlar o nemátodo parasita das plantas utilizando alguns microrganismos ou os seus produtos para manter o ambiente livre da poluição causada pela utilização de nematicidas, que têm riscos para a saúde humana e o equilíbrio do ambiente.

Os fungos micorrízicos, quando associados às raízes das plantas antes da infeção por nemátodes, limitam as perdas de rendimento devidas ao ataque de nemátodes. Também os fungos zoospóricos são de particular interesse no controlo biológico, como a *Catenaria* sp. descoberta por **Tribe** (1977[a]) como parasita do fitonematóide. Também a toxina termoestável de *Bacillus thuringiensis* é ativa contra o nemátodo de vida livre e o nemátodo parasita de plantas **Ignoffo** e **Dropkin** (1977).

O objetivo deste estudo foi isolar os microrganismos benéficos, que podem ser utilizados contra o nemátodo das galhas radiculares. Os microrganismos isolados incluíam fungos (*Glomus* sp. e *Catenaria* sp.) e bactérias (*Bacillus thuringiensis*, *Pasteuria penetrans* e algumas das rizobactérias promotoras do crescimento de plantas [PGPR]), que têm funções de promoção do crescimento de plantas e/ou controlo de nemátodos parasitas de plantas, especialmente o nemátodo dos nós das raízes (*Meloidogyne* spp.). Finalmente, alguns destes microrganismos foram utilizados para formar uma fórmula de combinação microbiana, misturando alguns isolados bacterianos e fúngicos na presença de uma substância transportadora; a esta fórmula de combinação foi dado o nome de **Bio-STAM** (patente pendente).

Capítulo 1

REVISÃO DA LITERATURA

[I]- Gestão de nemátodos parasitas de plantas através da utilização de fungos;

[I-a]-Fungos micorrízicos arbusculares (FMA)

-Efeito dos fungos AM na infeção por nemátodos;

Alraddad (1995) testou os efeitos de *Glomus mosseae* em *Meloidogyne javanica* infectando plantas de tomate numa estufa. Verificou que a planta inoculada com *G. mosseae* suprimiu o índice de galhas e o número médio de galhas por sistema radicular em 66%, em comparação com as plântulas inoculadas apenas com *M. javanica*. **JaizmeVega** *et al.*, (1997) e **Rivas-Platero** e **Andrade** (1998) descobriram que *G. mosseae* suprimiu a galha radicular, o acúmulo de nematóides nas raízes e reduziu a taxa de multiplicação de nematóides em 88,5%.

Habte *et al.* (1999) avaliaram três espécies de fungos micorrízicos arbusculares (AM) quanto à sua eficácia na supressão de *M. incognita* no trevo branco (*Trifolium repens* L.). Descobriram que o crescimento do trevo branco foi significativamente estimulado pela colonização micorrízica, e que os nemátodos causaram os maiores danos quando as plantas não foram colonizadas pelos fungos. O grau em que os fungos micorrízicos reduziram os danos causados pelos nemátodos variou consoante a espécie de fungo micorrízico; a redução dos danos variou entre 19 e 49,8%, com base na perda de massa dos rebentos.

Nagesh *et al.*, (1999) estudaram a correlação entre a colonização da raiz por fungos micorrízicos na presença de *Glomus fasciculatum* e a infeção da raiz por *M. incognita* no tomateiro. As populações de nemátodos, as massas de ovos/planta e o índice de galhas radiculares foram negativamente correlacionados com a colonização radicular micorrízica e a formação de clamidósporos.

Pandey *et al.*, (1999) avaliaram três fungos micorrízicos vesículo-arbusculares (VAM); *Glomus aggregatum*, *G. fasciculatum* e *G. mosseae* quanto ao seu efeito sobre o potencial de infeção e reprodução de *M. incognita* na cana-de-açúcar preta, *Hyoscyamus niger*. Descobriram que diferentes fungos VAM aumentaram o crescimento e a biomassa da planta e que os fungos VAM aumentaram os pesos frescos e secos das raízes e dos rebentos e diminuíram as populações de *M. incognita* tanto no solo como nas raízes.

Schwob *et al.*, (1999) verificaram que os fungos AM que ocorrem nas raízes da seringueira brasileira (*Hevea brasiliensis*) estimularam o crescimento das plantas, enquanto os nematóides geralmente o reduziram e foi observada uma correlação negativa entre a percentagem de colonização AM e o número de juvenis de segundo estágio no solo e nas raízes e o número de ovos nas raízes.

Duponnois *et al.*, (2000) estudaram o efeito de fungos micorrízicos *sobre M.javanica* em 100 plantações de *Eucalyptus camaldulensis*, *Casuarina equisetifolia*, *Acacia mangium* e *A. holosericea*. A micorriza aumentou o desenvolvimento das plantas em condições de estufa e diminuiu a multiplicação de *M.javanica*.

Talavera *et al.*, (2001) estudaram os efeitos da colonização micorrízica das raízes no crescimento das plantas e na reprodução de *M. incognita* em plantas de tomate. O fungo micorrízico *G. mosseae* não protegeu as plantas de tomate inoculadas com o patógeno *M. incognita* quando este foi inoculado simultaneamente com a micorriza. As plantas inoculadas com M. *incognita* só morreram antes da colheita. Por outro lado, quando as mudas de tomate foram inoculadas com o nematoide três semanas após a colonização das raízes do tomateiro por *G. mosseae*, a redução do crescimento da planta causada pela infeção por *M. incognita* foi compensada. O peso dos rebentos do tomateiro foi 24% superior e o índice de galhas 33% inferior ao das plantas inoculadas apenas com o nemátodo, e as densidades finais de *M. incognita* no solo foram reduzidas em 85% quando as raízes do tomateiro foram colonizadas pela micorriza.

Annemie *et al.*, (2003) estudaram a interação entre *G. intraradices* e *Pratylenchus coffeae* em raízes de cenoura transformadas em cultura de órgãos radiculares. *G. intraradices* proporcionou às raízes uma maior proteção contra *P. coffeae* ao suprimir a reprodução do nemátodo nas raízes. O desenvolvimento de micorriza interna e externa não foi influenciado pela presença dos nemátodos.

Elsen *et al.*, (2003) estudaram a interação entre quatro cultivares *de Musa* e *Glomus mosseae*, e dois nemátodos endoparasitas migratórios, *Radopholus similis* e *Pratylenchus coffeae*. A micorrização com *G. mosseae* resultou num crescimento significativamente melhor das plantas, mesmo na presença de *R. similis* e *P. coffeae*. Eles descobriram que *G. mosseae* suprimiu a população de nematóides apenas no caso de *R. similis*, mas nenhuma supressão significativa foi observada no caso de *P. coffeae*.

-Efeito do fósforo nos fungos micorrízicos;

Carling *et al.*, (1996) estudaram os efeitos individuais e combinados de dois fungos micorrízicos arbusculares (FMA) e quatro tratamentos de fertilização com fósforo (P) (0, 25, 75 e 125 pg de solo) em plantas de amendoim infectadas com *Meloidogyne arenaria*. O melhor crescimento e rendimento ocorreram geralmente com 75 ou 125 pg de P, independentemente do tratamento de inoculação. O crescimento e a produtividade do amendoim foram geralmente estimulados pelo desenvolvimento do AMF, enquanto o crescimento só foi estimulado por *M. arenaria* a 0 e 25 pg P. Em inoculações de desafio, o VAM aumentou a tolerância da planta de amendoim ao nematoide e compensou as reduções de crescimento causadas por *M. arenaria* nos dois níveis mais baixos de P.

JaizmeVega *et al.*, (1997) estudaram os efeitos da interação entre o *Glomus mosseae* e o nemátodo das galhas *M. incognita* na presença de duas taxas de fósforo (P) no crescimento da bananeira (*Musa* AAA). Eles descobriram que *G. mosseae* suprimiu a galha radicular e o acúmulo de nematóides nas raízes. A percentagem de colonização micorrízica foi mais elevada (mais de 80%) em plantas fertilizadas com baixo teor de P do que em plantas fertilizadas com taxas óptimas de P, que foi quatro vezes mais elevada do que plantas fertilizadas com baixo teor de P. As plantas micorrízicas fertilizadas com uma taxa baixa de P apresentaram teores mais elevados de N, P, K, Ca e Mg em comparação com plantas não micorrízicas com baixo teor de P com ou sem o nemátodo.

Rivas-Platero *et al.*, (1998) estudaram a interação entre o fungo micorrízico vesicular arbuscular (VA), *Glomus* spp. e o nemátodo das galhas da raiz, *Meloidogyne arabicida* e os seus efeitos no crescimento de plantas de tomate e na nutrição de fósforo. Verificaram que a taxa de multiplicação de *M. arabicida* foi reduzida em 50,5% por *Glomus* spp. e o índice de galhas nas raízes do tomateiro foi reduzido em 13% por *Glomus* spp. na presença de nutrição com fósforo. A produção de esporos *de Glomus* foi estimulada *por M. arabicida.*

Abd-El-Moneim (2001) estudou os efeitos da interação entre os fungos VAM (*Glomus* sp.) e *M. incognita* na presença de três níveis de fertilização com fósforo (zero, 76,0 e 170,7pg P/g de solo), no peso seco dos rebentos e peso das raízes das plantas de tomate e na reprodução do nemátodo. Verificou que o peso seco do rebento do tomateiro aumentou com o aumento da densidade do inóculo de VAM (125, 250, 500 esporos/planta) no nível de fósforo de 76,0pg/g de solo, tal como o peso da raiz na presença ou ausência de infeção por nemátodos. Em contrapartida, a reprodução do nemátodo diminuiu com o aumento do inóculo de VAM.

-Efeito de outros microrganismos com fungos micorrízicos no fitonematóide:

Siddiqui e **Mahmood** (1996) utilizaram o *Glomus mosseae*, o *Trichoderma harzianum* e o *Verticillium chlamydosporium*, isoladamente e em combinação, para a gestão do complexo de doenças da murchidão do feijão-guandu causadas por *Heterodera cajani* e pelo fungo *Fusarium udum*. Verificaram que a maior redução na multiplicação de nemátodos foi observada quando os três agentes de biocontrolo foram utilizados em conjunto.

Rao *et al.*, (1997) estudaram o *Glomus deserticola* com *Verticillium chlamydosporium* para a gestão de *M. incognita* no viveiro de tomate. Verificaram que a combinação destes dois componentes ecológicos de gestão tinha aumentado os parâmetros de crescimento das plantas de tomate.

Siddiqui e **Mahmood** (1998) estudaram os efeitos da bactéria promotora de crescimento de plantas *Pseudomonas fluorescens* e *Glomus mosseae* em diferentes tipos de solo no crescimento de plantas de tomate e na reprodução de *M. javanica*. Os seus resultados indicaram que a utilização de *G. mosseae* ou *P. fluorescens* em plantas não inoculadas ou inoculadas com nemátodos causou um aumento quase semelhante no crescimento das plantas, mas a combinação de ambos os organismos causou um maior aumento no crescimento das plantas, uma maior redução das galhas e uma menor reprodução de nemátodos do que a sua aplicação individual.

Rao e **Gowen** (1998) utilizaram o fungo endomicorrízico *Glomus deserticola* com um agente de biocontrolo *Pasteuria penetrans*, para a gestão de *M. incognita* infectando plantas de tomate. Esta aplicação reduziu significativamente o número de massas de ovos nos sistemas radiculares e aumentou a parasitagem das fêmeas pela bactéria. A integração destes dois componentes amigos do ambiente diminuiu significativamente os nemátodos nas raízes. Também **Talavera** *et al.*, (2002) avaliaram os efeitos benéficos da aplicação de esporos de *Glomus* sp. e *P. penetrans* no crescimento do tomateiro e na reprodução de *M. incognita* numa experiência em vaso. Verificaram que as densidades populacionais de *M. incognita* como juvenis no solo foram inferiores ao controlo em 40% nas plantas colonizadas por micorrizas, em 38% na aplicação de *P. penetrans* e em 61% quando ambos os tratamentos foram aplicados em conjunto.

Diedhiou *et al.*, (2003) estudaram o efeito da interação entre *Glomus coronatum* e a estirpe Fo162 de *Fusarium oxysporum* não patogénico no controlo de *Meloidogyne incognita* que *infecta* o tomateiro. Os seus resultados provaram que a pré-inoculação de plantas de tomate com *G. coronatum* ou *F. oxysporum* estirpe Fo162 estimulou o crescimento das plantas e reduziu *M. incognita* no solo infestado. A aplicação combinada do fungo AM e do Fo162 melhorou a micorrização das raízes do tomateiro, mas não aumentou o controlo geral do nemátodo nem o crescimento da planta.

[I-b]- Fungos parasitas dos ovos de nemátodos:

Birchfield (1960) referiu que o fungo *Catenaria vermicola* tinha sido um parasita de 10 géneros e 9 espécies de nemátodos fitoparasitas. Também **Esser** e **Ridings** (1973) referiram que *Catenaria anguillulae* tinha a gama de hospedeiros mais vasta, uma vez que foi encontrado a infetar 25 géneros e 27 espécies de nemátodos, a maioria dos quais eram fitoparasitas. *A Catenaria auxiliaris* estava muito disseminada em *Heterodera schachtii* na Europa e tinha sido encontrada em *H. glycines* e *H. avenae* em países tão distantes como os EUA e a Austrália.

Tribe (1977[a]) descreveu, pela primeira vez, um fungo que infectava as fêmeas do nemátodo de quisto da beterraba *Heterodera schachtii* como um fungo micelial e esporos em repouso. Foi demonstrado que os esporos em repouso pertencem a um fungo rizomicelial que os forma individualmente dentro de esporângios em repouso e também forma zoósporos uniflagelados posteriormente dentro de zoosporângios. A parte dos esporos em repouso do fungo de *Tarichium auxiliare* Kuhn foi transferida para o género *Catenaria,* mas o seu micélio não pôde ser caracterizado. Foram discutidos aspectos da natureza, biologia, distribuição e relações de *C. auxiliare.* O fungo estava disseminado em populações de *H. schachtii* e era também conhecido no nemátodo de quisto dos cereais *H. avena.*

Tribe (1977[b]) descreveu a infeção de *Catenaria auxiliaries* e *Nematophthora gynophila* na fêmea imatura de *Heterodera schachtii.* O processo de infeção começa quando os zoósporos se alojam nos nemátodos depois de estes ficarem expostos na superfície da raiz. No entanto, o estádio de desenvolvimento do nemátodo em que ocorreu a infeção teve um impacto importante na patogénese. Com *C. auxiliar*, o conteúdo dos nemátodes jovens foi totalmente destruído e substituído por esporângios, ao passo que nos nemátodes mais velhos, podem ocorrer ovos entre os esporângios.

Esser e **Schubert** (1983) relataram que *Catenaria anguillulae* e *C. vermicola* atacaram e mataram muitos tipos de nematóides fitoparasitas. *C. anguilluae* destruiu a maioria dos nemátodos fitoparasitas susceptíveis em poucos dias. Acrescentaram que as espécies de *Catenaria* não eram invulgares em amostras aleatórias de solo examinadas em laboratório.

Aboul-Eid *et al.*, (1997) isolaram sete espécies de fungos que pertenciam aos hifomicetos, fungos que capturam nemátodos e quatro fungos endoparasitas de nemátodos, *nomeadamente Catenaria* sp., *Cephalosporium balanoides, Haptoglossa heterospora* e *Harposporium anguillula* de corpos de nemátodos

Platzer e **Platzer** (1999) estudaram a fixação dos zoósporos de *Catenaria anguillulae* a 27°C em *Romanomermis culicivorax* vivos e imobilizados pelo calor a nível ultra-estrutural. Verificaram que os zoósporos se fixavam predominantemente na cabeça dos préparasitas, mas que nos pós-parasitas a fixação ocorria principalmente na região atenuada da cauda. A fixação dos zoósporos ocorria geralmente em 4 horas, mas em densidades elevadas de zoósporos a fixação ocorria em 30 minutos. Nos seus estudos sobre o desenvolvimento de *C. anguillulae*, verificaram que as hifas penetravam na cutícula e desenvolviam inchaços esporangiais nos tecidos do nemátodo e no pseudoceloma, que produziam tubos de saída em 48 horas. As regiões previamente infectadas dos estádios J3 e J4 dos nemátodos por *C. anguillulae* tornaram-se imóveis, enquanto as regiões não infectadas permaneceram móveis. Os nemátodos J2 infectados morrem geralmente em 1-2 dias. Os tecidos adjacentes às hifas de *C. anguillulae* ou aos esporângios em desenvolvimento pareciam não ser afectados e eram ultra-estruturalmente normais.

[II]- <u>Gestão de nemátodos parasitas de plantas através da utilização de bactérias:</u>

[II-a]-*Bacillus <u>thuringiensis</u>*:

Ignoffo e **Dropkin** (1977) relataram que a toxina termoestável de *Bacillus thuringiensis* (P-extotoxina) era ativa contra o nemátodo de vida livre (*Panagrellus redivivus*) e o nemátodo parasita de plantas (*Aphelenchus avena*). **Osman** *et al.*, (1988) avaliaram duas estirpes comercialmente disponíveis de *Bacillus thuringiensis* (SAN 415 e Dipel), que tinham sido afectadas como agentes de biocontrolo contra *M. javanica* e *Tylenchulus semipenetrans*. A estirpe SAN 415 foi mais eficaz do que a estirpe Diple, e foi aproximadamente semelhante ao nematicida padrão (Nemacur). **Medina** *et al.*, (1990) verificaram que *B. thuringiensis* tinha uma ação antagonista contra o nemátodo fitófago e reduziu as suas populações para níveis sem importância económica. **Devidas** e **Rehberger** (1992) testaram duas formulações de preparação de exotoxina de *B. thuringiensis* contra *M. incognita*, aplicando-as em sementes de pepino. Não houve atividade nematicida ou qualquer efeito sobre a eclosão de ovos

Zuckerman *et al.*, (1993) testaram a eficácia de um isolado de *B. thuringiensis* no controlo do nemátodo parasita das plantas. O tratamento com este isolado proporcionou uma redução significativa das galhas e um menor número de galhas radiculares devidas à infeção por *Meloidogyne* no tomateiro do que no tratamento sem tratamento (controlos). **Chahal** e **Chahal** (1994) testaram o efeito de *B. thuringiensis* como célula centrifugada, células mortas pelo calor ou sobrenadante nas massas de ovos e ovos de *M. incognita.* Eles observaram que todos os tratamentos de *B. thuringiensis* danificaram permanentemente os ovos e as massas de ovos de *M. incognita.* **Carneiro** *et al.*, (1999) testaram vinte e uma estirpes pertencentes a *Bacillus* contra

J_2 de *M. javanica* in *vitro* e em estufa. Eles descobriram que o sobrenadante bacteriano e a cultura inteira de *B. thuringiensis, brasiliensis* e *B. laterosporus* mataram J_2 recém-eclodido dentro de 24 a 48 horas.

Marroquin *et al.*, (2000) estudaram as toxinas proteicas produzidas por *Bacillus thuringiensis* (*Bt.*) no nemátodo *Caenorhabditis elegans* para investigar a potencial utilização destas toxinas no controlo de nemátodos parasitas. O nemátodo sofre danos extensos no intestino, diminuição da fertilidade e morte, consistentes com os efeitos das toxinas nos insectos. Eles concluíram que as toxinas *Bt.* são promissoras como nematicidas. **Braun** (2000) relatou que as proteínas cristalinas codificadas pelos genes *Cry* foram classificadas como *CryI* a *CryVI*, dependendo da especificidade do hospedeiro e da homologia de aminoácidos. O grupo de homologia *CryI* a *CryV* especificou os insectos como hospedeiros e *CryVI* especificou os nemátodos como hospedeiros.

El-Nagdi e **Yossef** (2004) testaram a embebição de sementes de feijão-frade ou o tratamento do solo com o bio-agente (estirpe de *Bacillus thuringiensis*) e compararam os resultados com o nematicida Oxamyl. O agente de biocontrolo reduziu significativamente a densidade populacional de *M. incognita*, aumentando o crescimento medido das plantas. Nesta base, a embebição de sementes neste agente de biocontrolo foi recomendada como um método económico, fácil e sem poluição para gerir M. *incognita*.

[II-b] -Pasteuria *penetrans:*

-História e classificação;

Cobb (1906) ilustrou um parasita endosporoso no corpo do nemátodo *Discolaimus bulbiferus*. **Thorne** (1940) descreveu um parasita semelhante de *Pratylenchus brachyurus*, colocou-o na classe Sporozoa do filo Protozoa e deu-lhe o nome de *Duboscqia penetrans*. **Mankau** (1975) colocou-o na classe Eubacteriales (bactérias verdadeiras) e deu-lhe o nome de *Bacillus penetrans*. **Sayre** e **Wergin**, (1977) concluíram que *B. penetrans* não era a colocação correta, e sugeriram que se assemelhava a *Pasteuria ramosa* (uma bactéria do tipo brotamento) ou a um actinomiceto (uma bactéria que tem um hábito de crescimento filamentoso). Devido à incerteza taxonómica, referiram-se a este parasita como BSPN (**"parasita bacteriano de esporos de nemátodos"**) e consideram o BSPN como o mesmo parasita que apareceu sob uma variedade de nomes na literatura.

-Biologia da bactéria;

Sayre e **Wergin** (1977) descreveram o desenvolvimento de *Pasteuria penetrans* como o parasita obrigatório mais específico dos nemátodos, que pode ser sincronizado com o do seu hospedeiro nemátodo. Os endosporos não móveis, que eram altamente resistentes à dessecação, fixam-se à cutícula do juvenil infecioso de segundo estádio (J_2) no solo e são transportados pelo nemátodo para a planta, onde germinam e penetram na cutícula do nemátodo com um tubo germinativo. A bactéria cresceu vegetativamente no pseudoceloma do nemátodo, formando micélio ramificado. Os esporângios em forma de taco desenvolvem-se e dão origem a endosporos, que acabam por preencher completamente o corpo do nemátodo.

Stirling (1981) referiu que os endosporos de *P. penetrans* se fixavam mais facilmente aos nemátodos a 22,5-30 °C do que a 15^0 C. O parasita também se desenvolveu mais rapidamente com o aumento da temperatura, completando seu ciclo de vida em 85-100 dias a 20°C e em apenas 20-30 dias a 30°C. A 30°C, o parasita proliferou extensivamente através das fêmeas antes de estas atingirem a maturidade; a 20°C, as fêmeas que desenvolveram ovários contendo ovos antes da infeção impediram um maior desenvolvimento. Também descobriu que *P. penetrans* não pode ser cultivado em meios artificiais de inóculo para testes de campo, mas pode ser cultivado em nemátodos na estufa.

Brown e **Smart** (1984) referiram que o solo que continha endósporos de *P. penetrans* tinha de ser mantido húmido durante 48 horas ou mais para uma fixação máxima dos endósporos aos nemátodos. Além disso, verificaram que a fixação de endósporos diminuía se o solo infestado de endósporos fosse seco ao ar antes de adicionar nemátodos e água.

Hatz e **Dickson** (1992) verificaram que uma única fêmea de nemátodo das galhas radiculares continha mais de 2 milhões de endosporos de *P. penetrans*. Os endosporos bacterianos foram libertados no solo após a desintegração da cutícula do nemátodo. O nemátodo parece permanecer vivo durante a maior parte do processo de desenvolvimento do parasita. Os ovos não foram geralmente produzidos por fêmeas infectadas. A duração total do ciclo de vida de *Pasteuria* sp. foi de cerca de 30 dias em condições óptimas de temperatura 28-30°C

Dickson *et al.*, (1994) referiram que os endosporos de *Pasteuria* sp. parecem sobreviver durante longos períodos em condições secas e adversas, o que lhes confere um potencial de longa duração. Acrescentaram que os endosporos *de Pasteuria* sp. foram observados no nemátodo das galhas J_2 recolhido do solo a 120 cm de profundidade.

Serracin *et al.*, (1997) verificaram que os endosporos maduros de *P. penetrans* foram detectados a 28-35°C, e o estádio de desenvolvimento específico diferiu para cada temperatura, enquanto se estabilizou a 21 e 28° C, e a 35° C a taxa diminuiu

Dabire e **Mateille** (2004) estudaram o movimento dos esporos de *Pasteuria penetrans* em três solos de textura contrastante (solos arenosos, areno-argilosos e argilosos), cultivados com tomate na presença de infeção por nemátodos (*Meloidogyne javanica)*. Um mês após a inoculação dos nemátodos, 53% dos esporos inoculados foram lixiviados pelo fluxo de água no solo arenoso, mas apenas 14% no solo areno-argiloso e 0,1% no solo argiloso. Nenhum nemátodo sobreviveu no solo argiloso, enquanto a população se multiplicou tanto no solo arenoso como no solo argilo-arenoso. Mas os juvenis de *M. javanica* foram mais infectados por *P.penetrans* no solo argilo-arenoso do que no solo arenoso.

-Faixa de hosts:

Page e **Bridge** (1985) descobriram, nos seus extensos estudos sobre *P. penetrans*, que os seus endosporos estavam ligados a fêmeas, machos e juvenis de *Meloidogyne acronea*; juvenis e fêmeas de *Hirschmaniella mucronata* e *H. oryzae* de campos de arroz inundados nas Filipinas; juvenis de *M. incognita* de pimenta preta no Brasil; juvenis de *Heterodera cacti* na Bolívia, e juvenis e fêmeas de *Heterodera* sp. em raízes de sorgo de Hyderabad, Índia. Acrescentaram que a cultura em estufa desta *Heterodera* sp. foi destruída pela bactéria. **Sayre** e **Starr** (1988) referiram que *P. penetrans* tinha sido encontrada em mais de 135 espécies diferentes de nemátodos pertencentes a 50 géneros de nemátodos de uma dúzia de estados dos Estados Unidos e de 37 países dos cinco continentes. **Sharma** e **Davies** (1996) mencionaram que a gama de hospedeiros de *Pasteuria* spp. era potencialmente útil como parasitas naturais de nemátodos. Utilizaram a gama de hospedeiros, a morfometria dos esporos e a serologia para identificar o isolado de *Pasteuria*, que se recuperou do nemátodo de quisto do feijão-caupi, *Heterodera cajani*. Verificaram que os esporos deste isolado tinham um diâmetro médio de 2,36 pm; este era o tamanho mais pequeno descrito até à data nos nemátodos. Acrescentaram que, com base na presença de esporos na cutícula do nemátodo, *Globodera rostochiensis, G. pallida, Heterodera glycines, H. trifolii, H. schachtii* e *Rotylenchulus reniformis* eram hospedeiros de *P. penetrans*. Enquanto *H. carotae, H. galeopsidis, Meloidogyne arenaria, M. incognita, M. javanica, M. graminicola, M. oryzae, M. triticoryzae, M. sasseri, M. graminis* e *M. naasi* não foram hospedeiros.

-Biocontrolo do nemátodo parasita das plantas pelo *Pasteuria penetrans*:

Mankau e **Prasad** (1972) relataram que o parasita (*Pasteuria penetrans*) parecia ter um alto potencial para reduzir as populações de nematóides e as galhas radiculares causadas por *M. incognita* e *M. javanica* no tomateiro em 53% no solo e 63% nas raízes 55 dias após a exposição. **Mankau** (1975) constatou que as plantas de tomate em solo infestado de endósporos secos ao ar tinham maior peso seco, mais folhas e menos galhas radiculares causadas por *Meloidogyne* sp. do que as plantas em solo sem endósporos ou crescendo em solo esterilizado. **Stirling** (1984) testou raízes de tomateiro secas ao ar e finamente moídas que estavam fortemente infectadas com *M. javanica* contendo *Pasteuria* sp. Este material foi incorporado em solo de campo infestado de nemátodos das galhas a uma dose de 212-600 mg/kg de solo. O número de galhas nas raízes do tomateiro e de nemátodos no solo aquando da colheita foi reduzido. Os resultados obtidos foram semelhantes aos obtidos com a utilização de nematicidas. **Brown** e **Smart** (1985) registaram que a penetração de *M. incognita* J2 nas raízes do tomateiro foi inibida pela utilização de *Pasteuria* sp. no laboratório e na estufa. **Brown** *et al.* (1985) verificaram que *Pasteuria* sp. era patogénica *para M. incognita* em condições de campo e reduziu as perdas de rendimento causadas por *M. incognita* em 38% para ervilhaca de inverno, 24% para tabaco e 35% para soja. **Bird** (1986) relatou que *Pasteuria* sp. não alterou a taxa de crescimento nos estágios iniciais do desenvolvimento dos nematóides, embora a fêmea não parasitada tenha crescido mais rapidamente do que a parasitada por um curto período imediatamente após a muda final. **Bird** e **Brisbane** (1988) examinaram o solo de sete localidades em vinhedos no sul da Austrália para verificar a sua capacidade de suprimir a reprodução de nemátodos das galhas radiculares, e descobriram que os solos de um local reduziram significativamente o número de massas de ovos e que esta inibição foi removida por autoclavagem do solo. Em todos os casos em que ocorreu a inibição da reprodução do nemátodo, *P. penetrans* foi encontrado dentro de fêmeas sem massas de ovos. **Channer** e **Gowen** (1988) referiram que a aplicação de endosporos *de P. penetrans* no solo resultou no controlo de nemátodos, tanto em ensaios em vasos como em parcelas de campo.

Daudi *et al.* (1990), no Paquistão, verificaram que a aplicação de *P. penetrans* a solos esterilizados com inoculação de *M. javanica* provocava menos galhas, menos massas de ovos nas raízes do tomateiro e maior crescimento de rebentos do que em solos semelhantes sem *P. penetrans*. Acrescentaram que as diferenças foram acentuadas num segundo ciclo após a incorporação das raízes da primeira cultura no solo em dois locais onde existia uma população indígena, quando as raízes foram reincorporadas numa segunda cultura. As galhas diminuíram independentemente do facto de a *P.penetrans* ter sido aplicada artificialmente ou não.

Ahmed e **Gowen** (1991) testaram o ciclo de vida de *Pasteuria penetrans* a 20, 25, 30 e 35°C. Verificaram que o ciclo de vida era mais curto a 30 e 35° C do que a 20 e 25OC. Além disso, verificaram que a carga de endosporos de 11/J_2 diminuiu o potencial de invasão de *M. incognita, M. javanica* e *M. graminicola.* Quando plantas de tomate foram inoculadas com M. *incognita* em solo contendo diferentes concentrações de endósporos de P. *penetrans*, o número de fêmeas que produziram massas de ovos diminuiu. Houve menos 66% de massas de ovos nos vasos tratados com 9.000 endósporos/g de solo do que nos vasos de controlo.

Davies *et al.* (1991) estudaram os efeitos da carga de endósporos *de P. penetrans* sobre a motilidade de J2, o número de fêmeas em desenvolvimento e a infeção de *M. incognita.* Verificaram que a motilidade de J_2 foi reduzida quando J_2 foi sobrecarregado com uma média de 7 endosporos/J_2 . Verificaram também que a sobrecarga de endosporos *de Pasteuria* levou a uma redução do número de fêmeas desenvolvidas nas raízes em comparação com controlos não sobrecarregados. **Trivino** e **Gowen** (1996) detectaram numa experiência para comparar a galha radicular de parcelas tratadas com *P. penetrans* com parcelas não tratadas. Verificaram que a incidência de galhas radiculares era menor do que nas parcelas não tratadas, o que também se reflectiu num maior crescimento da cultura. No final da experiência, o número de juvenis infecciosos de vida livre no solo tinha diminuído nas parcelas tratadas, e os que foram recuperados de amostras de solo estavam repletos de esporos de P.*penetrans*. **Weibelzahl-Fulton** *et al.* (1996), na sua experiência de 7 anos de monocultura de tabaco num campo naturalmente infestado com uma população mista de *M. incognita* raça 1 e *M. javanica*, demonstraram que *P. penetrans* desempenhou um papel vital na supressão do número de nemátodos dos nós radiculares. **Chen** *et al.* (1997) estudaram o controlo biológico de *M. arenaria* no amendoim (*Arachis hypogaea*) por *P. penetrans*. Verificaram que os números de ovos por sistema radicular, J_2 /100 cm^3 de solo na colheita, galhas radiculares e galhas de vagens aumentavam com o aumento dos níveis de inoculação de nemátodos e diminuíam com o aumento dos níveis de infestação de *P. penetrans*. **Abd-El-Moneim** (2001) estudou o efeito da adição de raízes infectadas secas ao ar com fêmeas doentes de *M. incognita* por *P. penetrans* no número de J_2 / sistema radicular e massa de ovos / sistema radicular em plantas de tomate. Verificou uma diminuição significativa no número de J_2 /sistema radicular e de ovos/raiz em comparação com plantas não tratadas com raízes secas ao ar.

-Fixação <u>de esporos *de Pasteuria* na cutícula do nemátodo;</u>

Mankau *et al.*, (1976) estudaram os locais de fixação de *Pasteuria penetrans* na cutícula de nemátodos parasitas de plantas. Verificaram que os endosporos *de P. penetrans* ocorriam em qualquer ponto da cutícula do nemátodo. **Stirling** e **Mankau** (1978) sugeriram que os organismos que impediam ou limitavam a reprodução atacando as fêmeas de nemátodos parasitas de plantas tinham mais probabilidades de serem agentes de controlo biológico úteis. *Pasteuria penetrans* reduziu grandemente a capacidade de reprodução dos nemátodos. **Stirling**, (1984) verificou que os endosporos de *P. penetrans* se fixavam na cutícula do nemátodo J_2 vivo ou morto. Enquanto **Davies** *et al.*, (1996) verificaram que os esporos se ligavam seletivamente à região da cabeça do nemátodo de quisto do trevo (*Heterodera trifolii*).

Sayre (1980) e **Williams** *et al.* (1989) estimaram o efeito da temperatura na fixação dos endosporos de *P. penetrans.* Verificaram que os endosporos aquecidos a 60, 80 ou 100° C se ligam a J2 mas não germinam e que menos endosporos se ligam quando aquecidos a 100OC em relação a controlos não aquecidos. **Hatz** e **Dickson** (1992) estudaram o efeito de diferentes temperaturas 10, 20, 25, 30 e 35°C na fixação e desenvolvimento de *P. penetrans* em *M. arenaria* em câmaras de crescimento. Verificaram que a maior taxa de fixação de endosporos ocorreu em juvenis de segundo estádio a 30°C. A bactéria desenvolveu-se mais rapidamente no seu hospedeiro a 30 e 35°C do que a 25°C ou menos.

Stirling (1984) verificou que mais de 40 endosporos/J_2 impediram a invasão das raízes das plantas, influenciando não só a mobilidade dos nemátodos, mas também a quimiorreceção. Também **Davies** *et al*, (1988) relataram que a carga de endósporos de 1 a 5/J_2 reduziu a 2ª geração de J_2 em 82%, enquanto uma carga de 11-15 endósporos/J_2 resultou em mais de 90% de redução na 2ª geração de J_2 . **Abd-El-Moneim** (2001) verificou que o número de endósporos fixados em J_2 de *M. incognita* à taxa de 11 endósporos/J_2 reduziu o número de J_2 /sistema radicular e a massa de ovos/sistema radicular em 57% e 42%, respetivamente.

Abrantes e **Vovlas** (1988) referiram que *P. penetrans* parasitou J_2 e machos de *Meloidogyne* sp. em Portugal e J_2 de *Heterodera fici* em Itália. Acrescentaram que o grande número de endosporos ligados a ambos os géneros caracterizava estes nemátodos como potenciais hospedeiros e estabeleceram um novo registo de hospedeiros e de distribuição para *P.penetrans.* **Chen** *et al.*, (1994) referiram que a densidade de *Meloidogyne* spp. J_2 no solo estava negativamente correlacionada com o número de endosporos ligados por J_2 e com a população de J_2 com endosporos ligados em amostras de solo a meio da estação.

-Efeito <u>de nematicidas na atividade de *Pasteuria penetrans*;</u>

Stirling (1984) demonstrou uma redução sinérgica da galha radicular por *M. javanica* com nematicidas carbamatos na presença de *Pasteuria penetrans*. Verificou que a fixação de endosporos aumentava na presença de nematicidas. Além disso, **Brown** e **Nordmeyer** (1985) verificaram que os nematicidas aumentavam o movimento dos nemátodes no solo, aumentando assim a probabilidade de os nemátodes entrarem em contacto com endosporos de *P. penetrans*. **Walker** e **Wachtel** (1988) relataram que, quando oxamyl e fenamiphos foram aplicados durante 2 meses diretamente no solo sob tubos de gotejamento em videiras cv. Colombard a taxas de 1,2 e 2 kg/ha, respetivamente, a abundância de *Mjavanica* J2 foi reduzida, bem como a taxa de infeção de J2 por *P. penetrans*. Verificaram também que a solarização do solo com cobertura de polietileno transparente aumentou a taxa de infeção por *P. penetrans* durante pelo menos 10 meses, mas não reduziu a abundância de M.*javanica* (J)2

[II-c]-Rizobactérias promotoras do crescimento das plantas (PGPR):

Siddiqui e **Mahmood** (1999) sugeriram que algumas das rizobactérias eram conhecidas por reduzir as populações de nemátodos, géneros tão importantes como *Agrobacterium, Alcaligenes, Bacillus, Clostridium, Desulfovibrio, Pseudomonas, Serratia* e *Sirepiomyces*. A aplicação de algumas destas bactérias deu resultados muito promissores, pelo que a utilização de rizobactérias como agente de biocontrolo foi possível contra o nemátodo.

Ramamoorthy *et al.*, (2001) estudaram as rizobactérias promotoras do crescimento das plantas (PGPR) pertencentes a *Pseudomonas* spp. como agente de biocontrolo. Verificaram que as misturas de diferentes estirpes de PGPR resultaram numa maior eficácia através da indução de resistência sistémica contra vários agentes patogénicos que atacam a mesma cultura. O desempenho das PGPR foi bem sucedido contra certos agentes patogénicos, insectos e pragas de nemátodos em condições de campo.

Siddiqui *et al.*, (2001[a]) estudaram a influência de duas estirpes de *Pseudomonas fluorescens*, estrume orgânico e fertilizantes inorgânicos (ureia, fosfato de diamónio (DAP), muriato de potássio e fosfato monocálcico) isoladamente e em combinação na reprodução de *Meloidogyne incognita* e no crescimento de plantas de tomate. *Pseudomonas fluorescens* foi melhor para melhorar o crescimento do tomateiro e reduzir a galha e a multiplicação de nemátodos, enquanto *P. fluorescens* com estrume orgânico foi a melhor combinação para a gestão de *M.incognita* no tomateiro.

Siddiqui *et al.*, (2001[b]) testaram trinta e dois isolados de *P. aeruginosa* e uma estirpe de *Bacillus subtilis* isolada da rizosfera e do rizoplano para controlar o nemátodo do nó da raiz. Descobriram que os isolados bacterianos não só exibiram uma atividade nematicida matando o juvenil da segunda fase de *M. javanica* num grau variável, mas também produziram zonas de inibição ao inibir o crescimento radial de fungos transmitidos pelo solo. *P. aeruginosa* e *B. subtilis* usadas como cobertura de sementes ou como irrigação do solo suprimiram significativamente a infeção por nó de raiz e as densidades populacionais de nemátodos em condições de estufa e de campo.

Siddiqui e **Shaukat** (2002) relataram que as duas rizobactérias *P. aeruginosa* e *P. fluorescens* usadas como tratamento de imersão em raízes nuas ou como irrigação do solo reduziram substancialmente a penetração de juvenis de *M. javanica* em raízes de tomate em condições de estufa. O modo de ação dos antagonistas bacterianos é a capacidade do inóculo bacteriano para estimular a resistência sistémica induzida contra o nemátodo.

Jeun *et al.*, (2004) compararam citologicamente a resistência induzida entre plantas de pepino induzidas com rizobactérias promotoras de crescimento de plantas (PGPR) ou por tratamento químico. Verificaram que a inoculação com estirpes de PGPR *Serratia marcescens* (90-166) e *P. fluorescens* (89B61) induziu uma proteção sistémica na parte aérea das plantas de pepino contra o agente causal da doença da antracnose *Colletotrichum orbiculare*. Acrescentaram que o desenvolvimento da doença foi significativamente reduzido nestas plantas em comparação com as plantas de controlo que não foram inoculadas com as estirpes de PGPR. A inoculação com as estirpes de PGPR não causou toxicidade visível, necrose ou outras alterações morfológicas. A indução com ácido DL-3-aminobutírico (BABA) ou ácido amino-salicílico (ASA) também reduziu significativamente o desenvolvimento da doença. O encharcamento do solo com 10 mM de BABA e 1,0 mM de ASA induziu resistência nas folhas de pepino sem qualquer toxicidade para as plantas.

Siddiqui (2004) estudou a influência de *Pseudomonas fluorescens* e de fertilizantes orgânicos compostados, isoladamente e em combinação, na multiplicação de *M. incognita* e no crescimento do tomate. Verificou que *a P. fluorescens* era melhor para melhorar o crescimento do tomate e reduzir a galha e a multiplicação de nemátodos do que os fertilizantes orgânicos compostados.

Capítulo 2

MATERIAIS E MÉTODOS

Procedimentos gerais:

[I]-Amostragem:

Foram recolhidas amostras de solo e de raízes de três campos cultivados com produtos hortícolas, isto é, tomate e pepino, localizados nas províncias de Ismailia e El-Sharkia. O solo e as raízes foram retirados da rizosfera das plantas em crescimento, escavando o solo a uma profundidade de 15-30 cm com uma espátula. As amostras foram guardadas em sacos de polietileno, etiquetadas e enviadas diretamente para o laboratório para extração de nemátodos e isolamento de bactérias.

[II]- Extração e propagação de nemátodos:

Uma única massa de ovos de espécies de *Meloidogyne* foi criada em tomateiro (*Lycopersicon esculentum* Mill cv. Rutgers) na estufa (temperatura diurna e nocturna entre 28 °C e 20 °C, respetivamente) para cultura pura. Quando necessário, os ovos foram extraídos da cultura pura com uma solução de hipoclorito de sódio a 0,5% (**Hussey** e **Barker**, 1973) e os juvenis da segunda fase (J_2) foram deixados a eclodir num funil Baermann modificado (**Pitcher** e **Flegg**, 1968) durante 2 a 3 dias e recolhidos num crivo de 45 pm autoclavado.

[III]- Fungos:

-Captura de culturas de fungos micorrízicos arbusculares (FMA):

O solo foi recolhido de uma rizosfera de plantas *de luzerna* sob a forma de um torrão ideal. Os rebentos foram removidos na coroa e as raízes foram cortadas em pequenos fragmentos e misturadas cuidadosamente com o solo associado utilizando um machado. Esta mistura picada foi misturada 1:1 (v/v) com areia grossa autoclavada e utilizaram-se sacos de plástico com fecho de correr para o processo de mistura. Esta mistura foi transferida para um vaso de plástico de 15 cm.

Oitenta a cem sementes de *Cynodon* sp. foram plantadas em vasos numa sala de crescimento durante pelo menos quatro meses. A fertilização foi mantida a um nível mínimo, sendo aplicada apenas quando as plantas mostravam sinais de deficiências de fósforo (purpurina das bainhas das folhas), ou de deficiência de azoto (clorose das folhas jovens).

-Extração de fungos AM:

As amostras de raízes das culturas-armadilha foram colocadas em água num misturador e misturadas a alta velocidade durante cerca de cinco segundos para quebrar os fragmentos de raízes e libertar os esporos dos agregados de hifas ligados às raízes.

O material misturado foi imediatamente vertido através de duas peneiras. A maior parte da areia permaneceu no misturador. A peneira inferior tinha aberturas de 45 pm e capturou a maioria dos esporos. A peneira superior tinha aberturas de 500 pm, para capturar pedaços de raízes, detritos e esporos grandes. Apesar da quantidade de matéria orgânica, os esporos eram suficientemente grandes para serem facilmente detectados e recolhidos. O material da peneira inferior foi recolhido num copo de 50 ml e depois transferido para tubos de 10 ml contendo uma solução de sacarose a 20/60%. Estes tubos foram centrifugados (3000 rpm) durante 3 minutos. Os esporos e os detritos orgânicos finos foram suspensos em sacarose (centrifugação com gradiente de densidade de sacarose).

O sobrenadante de cada tubo foi rapidamente decantado em peneiras mais pequenas. O material recolhido nestas peneiras mais pequenas foi lavado durante 3 minutos em água da torneira e transferido para uma placa de Petri de vidro. Os esporos foram recolhidos manualmente com uma pipeta Pasteur para os separar da matéria orgânica. Uma vez feito isso, os esporos podem ser armazenados a 4^0 C por até 30 dias (verificando semanalmente se há esporos parasitados que foram removidos imediatamente). O passo final foi separar os esporos de cada morfotipo. Apenas os esporos que estavam em boas condições foram separados e utilizados para iniciar culturas monoespecíficas. (**Brundrett** *etal.,* 1994).

- Cultura monoespecífica de fungos AM:

Os esporos foram extraídos do material de origem (cultura armadilha) dois dias antes da inoculação em plântulas de plantas utilizando centrifugação em gradiente de densidade de sacarose. Após repetidas lavagens, os esporos foram colhidos manualmente, de acordo com os caracteres morfológicos (forma, disposição, tamanho, textura da superfície e cor dos esporos), com uma pipeta Pasteur e armazenados num vidro de relógio (selado numa placa de Petri) a 40C. Os esporos foram examinados diariamente até ao dia da inoculação, e os esporos que apresentavam qualquer alteração na morfologia (ou seja, perda de conteúdo, colapso, alteração de cor ou suspeita de parasitismo) foram removidos. Antes da inoculação, adicionou-se água à preparação de esporos, agitou-se o vidro de relógio e removeram-se quaisquer partículas, fragmentos de hifas ou esporos atípicos. Os recipientes (desinfectados com lixívia a 10%) foram primeiro enchidos até ao topo com uma mistura estéril de areia e terra, foram colocadas etiquetas e foram feitos buracos de 6-7 cm de profundidade no centro com um bastão de vidro estéril. Foram dispostos no mesmo padrão em que os esporos foram distribuídos nos poços de microtitulação para evitar qualquer confusão no momento da inoculação. Uma chama de álcool e um copo com etanol a 95% foram preparados para queimar a vareta de vidro após cada operação de transplante.

- **Isolamento e purificação de fungos parasitas de ovos de nemátodos:**

Os ovos de nemátodos (*Meloidogyne* sp.) foram extraídos das raízes infectadas com NaOCl a 0,5% e recolhidos por peneiração húmida e centrifugados utilizando o método de flutuação de açúcar (**Hussey** e **Barker** 1973). A suspensão de ovos foi vertida em dois tubos cónicos de centrifugação de 15 ml e centrifugada durante 4 minutos a 3000 rpm. O sobrenadante foi rejeitado e 10 ml de solução de sacarose foram vertidos em cada tubo para ressuspender os ovos. Os tubos foram centrifugados durante 2,5 minutos a 3000 rpm para separar os ovos de outros detritos. O sobrenadante foi vertido para um crivo de 25 mm de diâmetro, lavado com água da torneira para remover a solução de sacarose, lavado para tubos de centrifugação estéreis e centrifugado a 3000 rpm durante 2,5 minutos, sendo o sobrenadante eliminado. Foram vertidos 10 ml de NaOCI a 0,5% recentemente preparado no tubo de centrifugação que continha o pellet de ovos para desinfetar a superfície dos ovos. O tubo de centrifugação foi agitado vigorosamente durante 10 segundos, deixado em repouso durante 30 segundos e centrifugado durante 2 minutos a 3000 rpm. O sobrenadante foi eliminado e os resíduos foram lavados duas vezes em água estéril, repetindo a agitação e a centrifugação. Após o último enxaguamento, o sobrenadante foi eliminado.

Foram adicionadas algumas gotas de água estéril ao tubo de centrifugação que continha os ovos desinfectados à superfície para obter a densidade de ovos desejada (aproximadamente 2,5 10^3 ovos/ml de água com uma pipeta estéril). Os ovos (500 ovos/60X placa de Petri de 8 cm) foram distribuídos uniformemente sobre a superfície de ágar-água suplementado com 12,5 mg de clortetraciclina e 300 mg de sulfato de estreptomicina por litro. As placas foram incubadas a 22 ± 2° C durante 3-7 dias. Cada placa foi inspeccionada diariamente com uma ampliação de 50X com um microscópio estereoscópico.

[IV]-Bactérias:

- **Isolamento de *Bacillus thuringiensis*:**

Os esporos *de Bacillus thuringiensis* foram facilmente inactivados pela exposição à radiação UV. Por conseguinte, as amostras de solo foram colhidas de preferência a 2-5 cm abaixo da superfície ou em locais permanentemente sombreados. As amostras de solo foram convenientemente recolhidas em sacos de plástico esterilizados. Estas amostras foram deixadas a secar à temperatura ambiente.

A amostra de solo (1 g) foi adicionada ao meio L-broth (20 ml) suplementado com acetato de sódio (0,25 M, pH 6,8) num Erlenmeyer (125 ml). A mistura foi agitada a 250 rpm durante 4 horas a 30° C. Amostras de cerca de 0,5 ml em tubos de ensaio de 10 ml foram tratadas termicamente durante 3 minutos num banho de água a 80 ºC e utilizadas para inocular placas de meio L-agar, sem adicionar acetato de sódio ao meio. As colónias que se formaram após um crescimento noturno a 30O C foram transferidas para placas de meio T3-ágar, deixadas a esporular durante 40 h a 30° C e depois examinadas ao microscópio para detetar a presença de cristais (**Martin** e **Travers,** 1989).

- Recolha e cultura em massa de *Pasteuria penetrans*:

Os endosporos *de Pasteuria penetrans* foram colhidos de fêmeas infectadas de *Meloidogyne* spp. em raízes de plantas de tomate, utilizando uma técnica de crivagem com citolase (**Oostendorp** *et al.,* 1990). As raízes das plantas foram incubadas numa solução de citolase a 12% durante uma noite à temperatura ambiente (28 °C) e depois lavadas vigorosamente num crivo de poros de 380 ppm, aninhado num crivo de poros de 150 ppm. As fêmeas de *Meloidogyne* spp. foram apanhadas no crivo de 150 pporos e as fêmeas cheias de esporos, visíveis pelo seu aspeto branco opaco, foram recolhidas (com uma pinça) sob o estereomicroscópio. Os espécimes foram recolhidos por epiluminação.

A bactéria (*Pasteuria penetrans*) foi cultivada em J_2 de *Meloidogyne* spp. crescendo em plântulas de tomate. A plântula foi regada duas vezes por dia com uma solução nutritiva hidropónica (**Schuerger** e **Mitchell,** 1992 e **Serracin** *et al.,* 1994). O pH da solução nutritiva foi monitorizado diariamente com um medidor de pH portátil e foi mantido entre pH 5,5 e 5,8 por adição de 0,5 M $HN0_3$ e 0,02 M KOH. Os recipientes foram reabastecidos com solução nutritiva conforme necessário para manter as raízes do tomateiro completamente submersas.

-Preparação de suspensões de endosporos de *Pasturia penetrans*:

Os endósporos foram facilmente recolhidos de cadáveres de fêmeas de *Meloidogyne* sp. cheios de endósporos, utilizando ferramentas manuais para esmagar os seus corpos (**Mankau** *et al.,* 1975). Um grande número de cadáveres cheios de esporos *de Meloidogyne* sp. foi macerado num triturador de tecidos (**Oostendorp** *et al.,* 1990). Endosporos de sistemas radiculares secos ao ar contendo fêmeas *de Meloidogyne* infectadas por *Pasteuria*. Os sistemas radiculares foram secos ao ar durante 42 dias antes de se moerem as raízes, misturando o pó das raízes com água e lavando a mistura através de um peneiro de 30 ppm para remover os detritos grandes das raízes (**Davies** *et al.*, 1988). **-Enumeração de endosporos:**

O hemocitómetro foi utilizado como o instrumento mais comum para estimar o número de endosporos/ml em suspensões de água. Para detetar a presença de endosporos *de Pasteuria* sp. no solo, seguiu-se o método de bioassociação descrito por **Sayre** e **Wergin,** 1977. Os juvenis do segundo estádio de nemátodos susceptíveis saudáveis (J_2) foram autorizados a migrar através do solo infestado de endósporos; após quatro dias, foram extraídos da amostra de solo e examinados microscopicamente para determinar o número de endósporos bacterianos ligados às suas cutículas.

- **Isolamento de rizobactérias promotoras do crescimento de plantas (PGPR):**

Um grama de amostra de solo foi adicionado a 100 ml de meio N-broth (caldo nutritivo) (pH 6,6-7,0) num balão Erlenmeyer (125 ml). A mistura foi agitada durante 3 minutos e incubada durante 6 horas a 25 °C. Em seguida, foram semeadas alças da suspensão resultante em placas de ágar-TC, ágar-N e placas de meio *de Pikovskaya* e deixadas a crescer.

As colónias que se formaram após incubação a 30 °C foram selecionadas e semeadas novamente em meio N-agar para obter culturas puras. Todos os isolados foram mantidos em placas de Nagar a 5 °C para as experiências posteriores. As bactérias foram purificadas através da técnica de colónia única utilizada para o isolamento e a purificação da cultura bacteriana. **[V]-Identificação de nemátodos e microrganismos:**

[V-11-Nematoide:

- **Morfologia do padrão perineal:**

O nemátodo das galhas que foi utilizado para preparar a cultura pura foi identificado com base na morfologia do padrão perineal (**Taylor** *et al.*, 1955, **Taylor** e **Netscher** 1974 e **Eisenback** *et al.*, 1981). As extremidades posteriores das fêmeas foram cortadas em ácido lático a 45% e as secções dos padrões perineais foram montadas em glicerina. Foram utilizados suportes de barras de vidro para apoiar a lamela.

- **Sequência caracterizada das regiões amplificadas:**

A técnica de regiões amplificadas caracterizadas por sequências (**SCARs**) foi utilizada para identificar o nemátodo das galhas radiculares, espécie *Meloidogyne*. As amostras de nemátodo das galhas radiculares foram colhidas de culturas puras de plantas de tomate infectadas cultivadas em estufa. Estas amostras foram conservadas em solução salina normal num congelador a -20 °C para a extração de ADN.

Extração de ADN:

Dois g de galhas do nó da raiz foram homogeneizados num almofariz contendo 200-600 pl de CTAB (50 mM Tris HCl pH 8,0, 0,7 M NaCl, 10 mM EDTA, 1% CTAB e 20 mM P-mercaptoetanol). O homogenato foi colocado num banho de água a 60°C durante 2 horas e misturado com um volume igual de clorofórmio-álcool isoamílico (24:1), agitado em vórtice durante 2 minutos e centrifugado durante 10 minutos a 3500xg (7000 rpm). Adicionou-se novamente um volume igual de álcool isopropílico ao sobrenadante e a mistura foi mantida a -20° C durante 9 a 12 horas. O ADN foi sedimentado por centrifugação durante 10 minutos a 3500xg e o sedimento foi lavado com 400 pl de etanol a 80% com Licl 10 mM e Tris 1 mM. Após 15 minutos, os microtubos foram centrifugados durante 10 minutos a 3500xg. Os sedimentos foram secos sob vácuo e ressuspensos em 20 pl de ddH_2O (**Zouhar** *et al.*, 2000).

Amplificação e análise de SCARs:

As reacções de amplificação para SCAR foram realizadas em volumes de reação de 25 pl contendo 10 mM Tris pH 9,0, 1,5 mM $MgCl_2$, 50 mM KCl e 0-2 mM de cada trifosfato de nucleótidos (dATP, dCTP, dGTP e dTTP) 0,5 unidade de Taq DNA polimerase (Pharmacia) e 1 a 10 ng de ADN total. Na reação de PCR com os primers Far/Rar (TCGGCGATAGAGGTAAATGAC / TCGGEGATAGACATACAACT), estes foram utilizados numa concentração final de 0,3 pM. Para a reação de PCR utilizando Finc/Rinc (CTCTGCCCAATGAGCTGTCC / CTCTGCCCTCACATTAAG) ou Fjav/Rjav (GGTGCGATTGAACTGAGC / CAGGCCCTTCAGTGGAACTATAC), foi utilizada uma concentração de iniciadores de 0,24 pM. Para a amplificação SCAR, o termociclador foi programado para 2 min a 94°C, seguidos de 35 ciclos de 30s a 94°C, 30s à temperatura de recozimento e lmin a 72°C. As temperaturas de recozimento foram 54°C utilizando os primers Finc/Rinc, 61°C utilizando os primers Far/Rar e 64°C utilizando os primers Fjav/Rjav. Foram retiradas alíquotas de cinco pl da reação e submetidas a eletroforese num gel de agarose a 1%. Os produtos foram visualizados por coloração com brometo de etídio. Foi utilizada uma escada de 100 pb (Promega) como marcador de tamanho molecular (**Zizlstra** *et al.*, 2000).

[V-21- Fungos:

- **Fungos micorrízicos arbusculares (FMA):**

Os esporos de fungos micorrízicos arbusculares foram identificados em função dos caracteres morfológicos dos esporos, tais como forma, disposição, tamanho, germinação, textura da superfície, cor e camadas da parede, de acordo com **Trappe** e **Molina** (1986); **Morton** e **Benny** (1990) e **Walker** (1992) -

Fungos parasitas de ovos de nemátodos:

O fungo isolado de ovos do nemátodo das galhas foi identificado de acordo com **Ainsworth** *et al.*, (1973), e gentilmente confirmado por comunicação pessoal com o Prof. Dr./A.F. Mostafa e Dr./A.M. Abd-El-Azeem (Department ofBotany, Faculty of Science, Suez Canal University, Ismailia, Egito).

[V-3]- **Bactérias:**

As bactérias isoladas foram identificadas de acordo com as chaves de identificação internacionais [**Cowan** e **Steel,** 1974; **Parry** *et al.,* 1983 e **Stanley** *et al.,* 1989], e depois confirmadas utilizando o sistema *Biolog.*

Capítulo 3

- Planeamento de experiências:

[I]-Gestão de nemátodos parasitas de plantas através da utilização de fungos:

[I-1]-Efeito dos fungos micorrízicos arbusculares (FMA) no crescimento das plantas de tomate e Reprodução de *Meloidogyne* sp.

As mudas de tomate (*Lycopersicon esculentum* Mill. cv. Rutgers), suscetíveis a espécies de *Meloidogyne*, foram plantadas no viveiro em bandejas de mudas. As plântulas individuais foram inoculadas com 400, 600, 800 e 1000 clamidósporos de fungos micorrízicos. O inóculo foi adicionado ao viveiro com as sementes. Vinte tratamentos foram replicados três vezes da seguinte forma:

1-As plantas foram inoculadas apenas pelo nemátodo (*Meloidogyne* sp.) aproximadamente 450 J2/planta.

2-As plantas foram inoculadas por nemátodo (*Meloidogyne* sp.) com dois níveis de fósforo (zero e 60 pg P/g de solo adicionado como fosfato de rocha)

3-As plantas foram inoculadas apenas com fungos AM a zero, 400, 600, 800 e 1000 clamidósporos/planta (aproximadamente).

4-As plantas foram inoculadas com nematoide (*Meloidogyne* sp.) e fungo (AM) nas taxas de clamidósporos acima mencionadas na ausência de adubação com fósforo.

5 - As plantas foram inoculadas com nematoide (*Meloidogyne* sp.) e fungo (AM) nas condições acima mencionadas, na presença de adubação com fósforo.

6-As plantas foram deixadas livres para servirem de controlo.

O inóculo de nemátodos foi adicionado às plantas (35 dias de idade) nos vasos como uma trincheira de 2 cm de profundidade à volta da base do caule, cerca de 450 J_2 /planta, e foi coberto com solo após a inoculação.

No final da experiência (70 dias), os tomateiros foram retirados do solo, os rebentos foram secos em estufa e medidos o peso, o peso da raiz, a altura da planta, a percentagem de colonização radicular por fungos AM e a esporulação de fungos AM, bem como o número de galhas de nemátodos, a massa de ovos/raiz e os juvenis de segundo estádio foram extraídos do solo para contagem

[I-l-a]-Limpeza e coloração de raízes micorrízicas:

1-As raízes foram bem lavadas em água da torneira.

2-As raízes foram embebidas numa solução aquosa de KOH (10% p/v) numa placa quente a 90° C durante 10-30 min.

3-As raízes foram lavadas cuidadosamente em água da torneira.

4-As raízes foram embebidas em HCl a 1% durante a noite.

5-As amostras de raízes foram coradas em glicerol ácido com azul de Tripan a 0,05% durante 24 horas à temperatura ambiente, tal como descrito por **Brundrett** *et al.*, (1984)

6-As amostras de raízes foram descoradas à temperatura ambiente em glicerol ácido (**Koske** e **Gemma** 1989).

7- Segmentos selecionados aleatoriamente de raízes laterais finas foram montados em lâminas de microscópio para detetar a presença de vesículas, arbúsculos e quaisquer caraterísticas invulgares.

8- As raízes colonizadas por fungos AM foram medidas de acordo com **Brundrett** *et al.*, (1996).

Análise da proteína de folhas de tomate [I-l-b]-Tomate (SDS-PAGE):

[I-l-b-l]- Extração de proteínas:

Folhas jovens e frescas de tomateiro (0,5 g) foram trituradas num almofariz até se obter um pó fino e, em seguida, as proteínas foram extraídas com 1 ml de tampão de extração. A amostra foi então transferida para um tubo eppendorf previamente arrefecido, agitada em vórtice durante 3 minutos e depois armazenada a 4^0 C durante 30-60 minutos. As amostras foram centrifugadas a 500xg durante 10 min a 40C e, em seguida, o sobrenadante foi transferido para um novo eppendorf e armazenado a -20OC.

[I-l-b-2]-SDS- eletroforese em gel de poliacrilamida (SDS-PAGE):

A eletroforese em gel de poliacrilamida na presença de dodecilsulfato de sódio (SDS-PAGE) foi realizada utilizando um gel de separação a 12% (p/v) (pH 8,8) e um gel de empilhamento a 5% (p/v) (pH 6,8), tal como descrito por **Hames** e **Rickwood** (1981). As amostras de proteínas foram misturadas com igual volume de tampão de amostra de proteínas, desnaturadas a 80-90OC num banho de água durante 3-5 min e, em seguida, imediatamente arrefecidas em gelo, tendo sido carregadas 25pl de cada amostra de proteína em cada pista.

A eletroforese foi efectuada a 100 volts e 80 mA até o corante de rastreio atingir o fundo do gel. O gel foi corado durante a noite numa solução de coloração de proteínas e depois lavado duas vezes com água. O gel foi descolorado em solução de descoloração várias vezes. Louis, Mo, EUA) e continha Miosina de músculo de coelho (peso 205,0 kDa), P-Galactosidase, de *E. coli* (peso 116.0 kDa), fosforilase b de músculo de coelho (peso 97,4 kDa), albumina de soro de bovino (peso 66,0 kDa), albumina de ovo (peso 45,0 kDa) e anidrase carbónica de eritrócitos de bovino (peso 29,0 kDa).

[1-2]- **Gestão de nemátodos parasitas de plantas através da utilização de fungos parasitas de ovos:**

Os ovos saudáveis (cultura pura de *Meloidogyne incognita*) do nemátodo das galhas radiculares foram extraídos das raízes infectadas do tomateiro com NaOCl a 0,5%, recolhidos por peneiração húmida e centrifugados utilizando o método de flutuação do açúcar (**Hussey** e **Barker** 1973). Doze frascos de 125 ml foram enchidos com 50 ml de suspensão de ovos de nemátodos das galhas (5x 10^2 ovo/ml) suplementada com 12,5 mg de clortetraciclina e 200 mg de estreptomicina:

- Suspensão de ovos de nemátodes inoculada por fungos isolados a 100, 300 e 500 esporos/50ml a diferentes temperaturas 10, 25 e 30±2°C
- Suspensão de ovos de nemátodo sem qualquer inoculação de fungos a temperaturas de 10, 25 e 30±2°C para servir de controlo.
- Os frascos foram controlados após 7 dias para determinar a sobrevivência (saudável) e a morte (o fungo parasita de ovos formou a sua estrutura na casca do ovo do nemátodo) dos ovos do nemátodo.
- Os dados foram calculados através da média de três leituras de cada frasco

[II]-Gestão **de nemátodos parasitas de plantas através da utilização de bactérias:**

[II-l]- Influência de *Bacillus thuringiensis* nas densidades populacionais do nemátodo das galhas (*Meloidogyne* sp.) do tomateiro infetado.

As mudas de tomate (*Lycopersicon esculantum* Mill cv. Rutgers) suscetíveis a espécies de *Meloidogyne* foram plantadas no viveiro em bandejas de mudas, nove tratamentos foram repetidos cinco vezes da seguinte forma:

1-As plantas foram inoculadas apenas com o nematoide (*Meloidogyne* sp.) na dose de 450J_2 /planta.

2- As plantas foram inoculadas com *Bacillus thuringiensis* (*Bt.*) da seguinte forma

a- A exotoxina *de Bt.* foi adicionada na dose de 10 ml/planta (sementeira)

b- A endotoxina *Bt.* foi adicionada como 10 ml/planta contendo 6x10^6 cristais de protoxinas/ml (cristais parasporais), tratados como drench de plântulas.

c- *Bt.* A suspensão de esporos foi adicionada como 10ml/planta contendo 5x10^6 esporos/ml, tratados como drench de plântulas.

d- Suspensão de células vegetativas *de Bt.* (cultura líquida jovem envelhecida 8hr/30 °C) foram adicionado como 10ml/planta continha 6x10^6 cell/ml, tratado como drench de plântulas.

3- Os recém-eclodidos (J_2) de *Meloidogyne* sp. cerca de 450J_2 expostos a *Bt.* antes da inoculação das plantas da seguinte forma

a- Exotoxina *de Bt.* em 10 ml durante 15 minutos a 25 C^0

b- Endotoxina *de Bt.* em 10 ml continha 6x 10^6 protoxinas cristalinas durante 15 minutos a 25 0C c- Suspensão de esporos de *Bt.* em 10 ml continha 5x10^6 esporos/ml durante 15 minutos a 25 0C d- Suspensão de células vegetativas *de Bt.* (cultura líquida jovem com 8hr/30 oc) em 10ml/planta continha 6x10^6 células/ml durante 15 minutos a 25 oc

4-O inóculo de nemátodos foi adicionado às plantas nos vasos como uma trincheira de 2 cm de profundidade à volta da base do caule, com cerca de 450 J_2 /planta, e foi coberto com solo após a inoculação (o mesmo tratamento com bactérias à planta ou J_2 foi adicionado no mesmo vaso).

5 - A separação de esporos e cristais de *Bt.* foi efectuada de acordo com **Delafield** *et al.,* (1968), **Murty** *etal.,* (1994) e **Luo** e **Adang** (1994).

6-Os vasos foram controlados após 2, 4, 6 dias do início da infeção por nemátodos e, depois, no final da experiência, 35 dias. Foram determinados os números de J_2 no solo e no interior da raiz do tomateiro, bem como o número de galhas, ovos/g de raiz e J_2 /100gm de solo.

[II-2]-Influência de *Bacillus thuringiensis* (*Bt.*) na invasão de plantas de tomate infectadas com o nemátodo do nó da raiz:

As mudas de tomate (*Lycopersicon esculantum* Mill cv. Rutgers) suscetíveis a espécies de *Meloidogyne*, foram plantadas no viveiro em bandejas de mudas, dez tratamentos foram replicados três vezes da seguinte forma:

1-As plantas foram inoculadas apenas com o nematoide (*Meloidogyne* sp.) na dose de 450J_2 /planta.

2-Os recém-eclodidos (J_2) de *Meloidogyne* sp. cerca de 450J_2 expostos a *Bt.* antes da inoculação das plantas da seguinte forma

a- Exotoxina *de Bt.* em 10ml durante 15min a 250C

b- Endotoxina *de Bt.* em 10 ml continha 6x 10^6 protoxinas cristalinas durante 15 minutos a 25 oc c- Suspensão de esporos *de Bt.* em 10 ml continha 5x10^6 esporos/ml durante 15 minutos a 25 oc d-

Suspensão de células vegetativas *de Bt.* (cultura líquida jovem com 8h/30 oc) em 10 ml/planta continha $6x10^6$ células/ml durante 15 minutos a 25 oc

3- Os ovos recém-eclodidos (J2) de *Meloidogyne* sp. cerca de 450J2 isolados ou expostos ao *Bt.* em placas de Petri como descrito na etapa anterior (1-2-a,b,c e d), mas seguidos de lavagem com água destilada esterilizada 3 vezes antes da inoculação das plantas.

4-O inóculo de nemátodos foi adicionado às plantas nos vasos como uma trincheira de 2 cm de profundidade à volta da base do caule, cerca de 450 J_2 /planta, e foi coberto com solo após a inoculação.

5-O solo e as raízes das plantas foram controlados após 3 e 7 dias para determinar a invasão de J_2 dentro da raiz do tomateiro e J_2 /g de solo.

[II-3]-Influência da textura do solo na atividade e permanência da bactéria *Pasteuria penetrans* no solo.

a- Seis vasos (25cm de diâmetro, vol. 2,5kg) foram preenchidos por três solos de textura contrastante (arenoso, argilo-arenoso e argiloso) infestados pelos endósporos *de P. penetrans* à taxa zero (sem tratamento) e $1x10^3$ endósporos/g de solo. As plântulas de tomate foram plantadas nestes vasos, uma plântula em cada vaso.

b- As plântulas foram inoculadas com nematoide (*Meloidogyne* sp.) 450 J_2 /plântula. A inoculação foi feita adicionando os J_2 nos vasos como uma trincheira de 2cm de profundidade ao redor da base do caule e coberta imediatamente com solo, e regada com 200 m/dia.

c. A água drenada dos vasos foi verificada após 10 dias para determinar os endosporos lixiviados.

d- Quarenta dias, no final desta experiência, os tomateiros foram retirados do solo para determinar os J_2 /10g de solo, as massas de ovos/sistema radicular, bem como a contagem da densidade de endosporos no solo.

[II-4]-Influência da temperatura na fixação dos endosporos de *Pasteuria penetrans* na cutícula de juvenis de segundo estádio (J_2) de *M. incognita.*

-Dezasseis frascos de 125 ml foram enchidos com 50 ml de J_2 *Meloidogyne* sp. saudáveis, recém-eclodidos, contendo 1 x10 $J^2{}_2$ /ml.

-Os frascos foram inoculados com 1 ml de diferentes concentrações de suspensão de endosporos *de P. penetrans*, $5x10^2$, $1x10^3$, $3x10^3$, $6x10^3$ endosporos/ml e incubados a 4 graus diferentes de temperatura 15, 21,28 e 35±1°C

-Os frascos foram inspeccionados após 3 dias para determinar o número de endosporos aderentes em J_2 de *Meloidogyne* sp.

[II-5]-Influência das diferentes concentrações de endosporos de *Pasteuria penetrans* na fixação e reprodução de juvenis de segundo estádio (J2) de *Meloidogyne incognita* em tomateiro.

Sessenta mudas de tomate foram plantadas em 20 vasos (25 cm de diâmetro) contendo 2,5 kg de solo (3 mudas/vaso). Uma semana depois, apenas uma plântula foi deixada em cada vaso. Cinco tratamentos foram repetidos 4 vezes da seguinte forma:

1- As plantas foram inoculadas com nemátodo (*Meloidogyne* sp.) 450 J_2 /planta, antes de serem expostas à suspensão bacteriana (*P.penetrans*) durante 8 horas à temperatura ambiente à taxa de $1x10^2$ endosporos/10ml (**Chen** *et al*., 1996).

2- Foram utilizadas três taxas de suspensões de bactérias ($2x10^3$, $3x10^4$ e $5x10^6$ endosporos/10ml) como descrito acima no tratamento (1)

3- As plantas foram inoculadas apenas com o nemátodo (*Meloidogyne* sp.) 450J_2 /planta (serve como controlo).

Após 8 horas de exposição de J_2 de *Meloidogyne* sp. à suspensão bacteriana de endosporos, o número de endosporos fixados na cutícula de J_2 foi estimado com diferentes taxas de suspensão bacteriana de endosporos. Em seguida, o inóculo de nemátodo foi adicionado à planta nos vasos como uma trincheira de 2 cm de profundidade em torno da base do caule, e foi coberto com solo após a inoculação.

Quarenta e cinco dias, no final desta experiência, os tomateiros foram retirados do solo, J_2 /100g de solo foram extraídos e contados em cada vaso, bem como as massas de ovos/sistema radicular e ovos/massa de ovos.

Após 20 dias da remoção da planta, a densidade de endosporos foi medida de acordo com **Sayre** e **Wergin** 1977 para detetar a eficácia e a ocorrência natural de *P.penetrans* na cultura seguinte.

[II-6]-Propagação de *Pasteuria penetrans in vitro*:

A raiz de plantas de tomate com um mês de idade foi retirada e cortada com 1-2 cm de comprimento, e cultivada em meio MS (Murashige e Skoog), um protocolo utilizado para a multiplicação de raízes de tomate. O pH do meio foi ajustado para 5,8 utilizando HCl 1,0 N e NaOH 1,0 N, tendo sido adicionado ágar após o ajuste do pH. Todo o equipamento e meios utilizados foram esterilizados a vapor durante 20 minutos a121 C^0

- Preparação da cultura e inoculação:

A raiz do tomateiro foi esterilizada à superfície, imergindo-a durante 3 minutos em etanol a 70%, seguido de Clorox a 5% (hipoclorito de sódio) durante 10 minutos e depois lavada com água destilada esterilizada. As raízes foram fragmentadas assepticamente em 2-3 cm e colocadas num frasco com 50-60 ml de meio de cultura. Cada frasco, contendo um explante, foi considerado como uma réplica. As culturas foram incubadas a 25±2° C sob 18 horas de iluminação (2.000 lux, lâmpadas fluorescentes de luz do dia).

Quatro semanas após a incubação, a resposta de multiplicação dos fragmentos de raiz foi registada em cada frasco reconhecido pela cor branca. Os J_2 recém eclodidos do nemátodo do nó da raiz foram recolhidos e esterilizados com Clorox a 2,5% durante 3 minutos e depois lavados com água destilada esterilizada. Em seguida, foram expostos a uma suspensão de endosporos *de Pasteuria penetrans* (10 ml continham cerca de $1*10^4$ endosporos/ml) durante 90 minutos. Os J_2 infectados ($50J_2$ /raiz) foram transferidos para fragmentos de raiz em cada frasco.

Quatro semanas após a inculcação, as galhas do nemátodo das galhas radiculares foram registadas em cada frasco. Uma única galha do nemátodo das galhas foi removida para extrair a fêmea e detetar o número de endosporos *de Pasteuria penetrans*, **Sayre** e **Wergin** (1977) e **Stirling** (1981).

[II-7]-Efeito de rizobactérias promotoras do crescimento de plantas (PGPR) no crescimento do tomateiro e na reprodução de *Meloidogyne* sp.

Seis isolados de bactérias, que foram isolados em meio TC-agar, N-agar e *Pikovskaya*, foram testados contra a infeção por nemátodos:

Três plântulas de tomate susceptíveis às espécies de *Meloidogyne* foram plantadas em vasos (25 cm de diâmetro), uma semana depois foram desbastadas para uma plântula/vaso. Catorze tratamentos foram repetidos três vezes da seguinte forma:

1-As plantas foram inoculadas apenas com o nemátodo (*Meloidogyne* sp.) na dose de 450 J_2 /planta 2-As plantas foram tratadas com cada um dos seis isolados bacterianos, mergulhando as plântulas na suspensão contendo aproximadamente $2,5*10^6$ células/ml durante 3 min, antes da plantação e inoculadas com J_2 de *Meloidogyne* sp. (450 J_2 /planta).

3-As plantas foram tratadas com os seis isolados bacterianos, mergulhando as plântulas na suspensão contendo aproximadamente $2,5*10^6$ células/ml durante 3 minutos e plantando-as em solo isento de infeção por nemátodos.

4-As plantas foram deixadas livres de qualquer nemátodo ou adição bacteriana para servirem de controlo.

5-No final da experiência (45 dias), após a infeção por nemátodos, os tomateiros foram retirados do solo, contando-se o número de J_2 /lOg de solo, galhas/sistema radicular, massas de ovos/sistema radicular. Por outro lado, foram medidos o peso seco do rebento da planta, a altura da planta, o número de frutos/planta e o peso da produção/planta.

[III]-Efeito de todos os organismos mencionados anteriormente em combinação para proteger a planta da infeção por nemátodos e estimular o crescimento da planta.

Neste estudo, foi utilizada uma fórmula de combinação microbiana de isolados mistos de bactérias e fungos na presença de uma substância transportadora. A fórmula de combinação recebeu o nome de **Bio-STAM** (patente pendente) e foi testada da seguinte forma:

As plântulas de pepino susceptíveis às espécies de *Meloidogyne* foram plantadas no viveiro em tabuleiros de plântulas, três plântulas de pepino foram plantadas em vaso (25 cm de diâmetro) e duas semanas depois foram desbastadas para uma plântula/vaso. Quatro tratamentos foram repetidos três vezes da seguinte forma:

l-As plantas foram inoculadas apenas com nematoide (*Meloidogyne* sp.) na dose de 5OOegg/planta, o inóculo de nematoide foi adicionado às mudas nos vasos como uma trincheira de 2cm de profundidade ao redor da base do caule e coberto com solo após a inoculação.

2-As plantas foram tratadas com 5Oml de **Bio-STAM/vaso** como um drench de plântulas em tabuleiros de plântulas uma semana após a plantação.

3- As plantas foram tratadas com **Bio-STAM**, como descrito acima, na presença de infeção por nemátodes na dose de 5OOegg/planta.

4-As plantas foram deixadas sem qualquer adição de nemátodos ou de fórmula bacteriana (**Bio-STAM**) para servir de controlo.

5-No final da experiência (35 dias após a infeção pelo nemátodo), as plantas foram retiradas do solo. Contou-se o número de galhas/sistema radicular e de massas de ovos/sistema radicular. Foram registados os pesos frescos totais dos rebentos e das raízes.

<u>Análises químicas do solo</u>:

<u>1-Fósforo</u> total

O método de incineração húmida por $H_2 SO_4$ e H2O2 foram utilizados para a digestão das plantas. A absorção total de fósforo foi determinada colorimetricamente pela cor azul de cloromolibdénio, enquanto a digestão por $HClO_4$ foi utilizada para determinar o fósforo total no solo, de acordo com **Jackson** (1973).

2-Azoto total, carbono orgânico, pH e condutividade eléctrica

O azoto, o carbono orgânico, o pH e a condutividade eléctrica foram determinados de acordo com **Page** *et al.*, (1982).

3-Análise mecânica

A análise mecânica foi determinada de acordo com o método descrito por **Piper** (1950).

4-Cátions e ânions

Os catiões e aniões foram determinados no extrato de pasta de solo de acordo com **Richards** (1954).

Análise estatística

Os dados de cada experiência foram analisados estatisticamente com recurso a um programa informático (SPSS versão 8) com direitos de autor da SPSS Inc. 1989-1997. Diferenças significativas entre as médias dos diferentes tratamentos foram realizadas pelo teste de intervalo múltiplo de Dancan ($P = 0{,}05$) (**Sndecor** e **Cochran** 1967).

Meios utilizados:

1- O meio L-broth é constituído pelos seguintes ingredientes (g/l):

1	Bacto-triptona	10.0 g
2	Extrato de levedura	5.00 g
3	NaCl	5.00 g
4	Acetato de sódio (0,25 M)	1000 ml
O pH foi ajustado para 6,8 e depois esterilizado a 121° C durante 15 minutos em autoclave		

2- O meio T3-agar é constituído pelos seguintes ingredientes (g/l):

1	Bacto-triptona	3.000 g
2	Bacto-triptose	2.000 g
3	Extrato de levedura	1.500 g
4	$MnCl_2$	0.005 g
5	Ágar	20.00 g
Todos os compostos foram dissolvidos em 1L de tampão fosfato 50 mM (pH 6,8) e depois esterilizados a 121°C durante 15 min em autoclave.		

3- O meio N-agar (ágar nutriente) é constituído pelos seguintes ingredientes (g/l):

1	Extrato de carne de bovino	3.000 g
2	Peptona	2.000 g
3	Ágar	15.00 g
4	Água destilada	1000 ml

Todos os compostos são dissolvidos em água destilada. Ajustar o pH para 6,6 a 7,0, utilizando azul de bromotimol como indicador, e depois esterilizar a 121°C durante 15 minutos utilizando autoclave.

4- <u>O meio CT-agar</u> <u>é constituído pelos seguintes ingredientes (g/1):</u>

1	Extrato de levedura	1.000 g
2	Ácido caprílico (n-octanóico)	1.000 g
3	Sulfato de talo	0.250 g
4	Ágar	20.00 g

Todos os compostos foram dissolvidos em IL, o pH foi ajustado para 9 e depois esterilizado a 121°C durante 15 minutos utilizando autoclave

5- <u>*O* meio *de Pkovskaya*</u> <u>é constituído pelos seguintes ingredientes (g/l)</u>

1	Glicose	10.00 g
2	Fosfato tricálcico	5.000 g
3	$(NH\ )_{42}\ SO_4$	0.500 g

4	KCl	0.200 g
5	MgSO4	0.100 g
6	MnSO4	Traço
7	FeSO4	Traço
8	Extrato de levedura	0.500 g
9	Ágar	15.00 g
10	Água destilada	1000 ml

6-O meio de cultura de Murashinge e Skoog (MS lx) é constituído pelos seguintes ingredientes (g/l)

Solução de reserva	Estrutura química	Quantidade/litro	Concentração	Volume/litro
A	$CaCl_2.2H_2O$	448 g	x100	10.0ml
B	NH_4NO_3 KNO_3	16.5 g 19.0 g	x100	100ml
C	KI COCl2.6H2O	8,30 mg 2,50mg	x100	10.0ml
D	KH_2PO_4 H_3BO_3 $Na_2MoO_4.2H_2O$	17.0 g 620 mg 25,0 mg	x100	10.0ml
E	MgSo.7H2O $MnSO_4.4H_2O$ CUSO4.5H2O $ZnSO_4.7H_2O$	37.0 g 1.70 g 2.50 g 860 mg	x100	10.0ml

F	FeSO4.7H2O Na2EDTA	5.57 g 7.45 g	x100	10.0ml

Sequência nucleotídica do iniciador utilizado para cada SCAR;

Nome dos primers SCAR*	Sequência do iniciador SCAR	Tamanho daSCAR
Longe	TCGGCGATAGAGGTAAATGAC	420
Rar	TCGGEGATAGACATACAACT	
Fjav	GGTGCGATTGAACTGAGC	670
Rjav	CAGGCCCTTCAGTGGAACTATAC	
Finc	CTCTGCCCAATGAGCTGTCC	1200
Rinc	CTCTGCCCTCACATTAAG	

* Os pares apresentados foram utilizados na reação de PCR utilizando dois iniciadores para detetar especificamente um
uma única espécie.

Solução nutritiva hidropónica;

O stock de solução nutritiva era composto pelos seguintes sais inorgânicos: 4,51 mM Ca (NO $)_{32}$. 4H_2 O, 3,48 mM KNO_3 , 1,0 mM KH_2 PO_4 , 1,65 mM $MgSO_4$ - 7H_2 O, 0,037 mM H3BO4, 7,28 pM MnSO4 .H2O, 4,59 pM ZnSO4 .7H2O, 3,5 pM CuCl2 .2H2O, 0,0074 pM (NH4)6 MoO24.4H2O , e concentrações molares equivalentes de Fe2(SO)3 (89,9pM) com ácido dietileno-triamina-pentaacético (DTPA) como agente quelante.

Solução de coloração de fungos micorrízicos;

1	Azul de tripano	0.150g
2	Ácido lático	100,0 ml
3	Glicerol	100,0 ml

4	Água	100,0 ml

Solução de descoloração e armazenamento de fungos micorrízicos:

1	Glicerol	100 ml
2	Água	100 ml

P Extração de votos:

- Tampão de extração de proteínas

1	Sacarose (p/v)	10.0%
2	Tris-HCl (pH 8,0)	0.2M
3	ß-mercaptoetanol (v/v)	0.1%

Soluções de stock para eletroforese de proteínas:

Tris-HCl 1-2M (pH 8,8), 100 ml

1	Peso para fora 24,2 g Tris
2	Adicionar a 50 ml de água destilada
3	Adicionar lentamente HCl concentrado até pH 8,8 (cerca de 4 ml), deixar a solução arrefecer até à temperatura ambiente, o pH aumentará.
4	Adicionar água destilada até um volume total de 100 ml.
2-	**Tris-HCl 1M (pH 6,8), 100 ml**
1	Peso para fora 12,1 g Tris
2	Adicionar a 50 ml de água destilada

3	Adicionar lentamente HCl concentrado até pH 6,8 (cerca de 8 ml), deixar a solução arrefecer até à temperatura ambiente, o pH aumentará.
4	Adicionar água destilada até obter um volume total de 100 ml.
3-1	**0% (w/v) SDS, 100ml** (armazenar à temperatura ambiente)
1	Peso para fora 10g SDS
2	Adicionar água destilada até um volume total de 100 ml
4-	**50% (v/v) glicerol, 100ml**
1	Deitar 50 ml de glicerol a 100%
2	Adicionar 50 ml de água destilada.
5-	**Azul de bromofenol a 1% (p/v), 10 ml**
1	Pesar 100 mg de azul de bromofenol
2	Levar a 10 ml com água destilada e agitar até à dissolução. A filtração removerá o corante agregado.

Soluções de trabalho:

1- **Solução A (solução-mãe de acrilamida), 100ml** (30% (p/v) de acrilamida, 0,8% (p/v) de bis-acrilamida).

1	Acrilamida	29.2 g
2	Bis-acrilamida	00.8 g

Adicionar água destilada até perfazer 100 ml e agitar até à dissolução completa. Trabalhar sob capota e manter a solução de acrilamida coberta com parafilme até o pó de acrilamida estar completamente dissolvido (armazenado durante meses no frigorífico).

2-Solução B (tampão de gel de separação 4x), 100ml

1	2M Tris-HCl (pH8,8)	75 ml --- ---1.5M
2	SDS 10%	4.0ml --- ---0.4%
3	H2O	21 ml

Estável durante meses no frigorífico

3- **Solução C (tampão de gel de empilhamento 4X), 100ml**

1	1MTris-HCl (pH6,8)	50 ml -	--0.5M
2	SDS 10%	4,0 ml -	-----0.4%
3	H2O	46 ml	

Estável durante meses no frigorífico

4- **Persulfato de amónio a 10%, 5ml**

1	Persulfato de amónio	0.5 g
2	H2O	5,0 ml

Estável durante meses num tubo tapado no frigorífico.

5-Tampão de eletroforese, 1 litro

1	Tris	3.00g---25.0mM
2	Glicina	14.4g----192mM
3	SDS	1.00g1%
4	H2O	Para fazer 1 litro

O pH deve ser de aproximadamente 8,3, armazenado à temperatura ambiente.

Tampão de amostra 6- 5x, 10 ml

1	1MTris-HCl (pH6,8)	0,60 ml --60,0mM
2	Glicerol 50%	5,00 ml ----- 25%
3	SDS 10%	2,00 ml ----- 2,0%
4	2-mercaptoetanol	0.50 ml -- 14.4mM
5	Azul de bromofenol 1%	1,00 ml ----- 0,1%
6	H2O	0,90 ml

Estável durante semanas no frigorífico ou durante meses a -20 C°

Quantidades de solução de trabalho a utilizar: 1-12% Gel de separação

1	Solução A	4,00 ml
2	Solução B	2,50 ml
3	H2O	3,50 ml
4	Persulfato de amónio 10%	50,0 pl
5	TEMED	10.0 pl
6	Volume total	10,0 ml

2- Gel de empilhamento a 5%

1	Solução A	0,67 ml
2	Solução C	1,00 ml
3	H2O	2,30 ml

4	Persulfato de amónio 10%	30,0 pl
5	TEMED	5.00 pl
6	Volume total	4,00 ml

Solução de coloração e descoloração de proteínas:

1-Solução de coloração de proteínas

1	Azul de Commassie R-250	1.000 g
2	Metanol	450,0 ml
3	H2O	450,0 ml
4	Ácido acético glacial	100,0 ml
5	Volume total	1000 ml

2-Solução de descoloração de proteínas

1	Metanol	100,0 ml
2	H2O	800,0 ml
3	Ácido acético glacial	100,0 ml
4	Volume total	1000 ml

Capítulo 4

RESULTADOS EXPERIMENTAIS

[I]-Identificação do nemátodo das galhas e dos microrganismos

[I-1]-Nemátodo:

[I-l-a]- Morfologia do padrão perineal:

O exame dos padrões perineais das fêmeas que foram colhidas à mão em raízes de tomateiro infectadas mostrou caraterísticas típicas de *Meloidogyne incognita*. Esta espécie foi dominante em todas as quatro amostras de tomate recolhidas nas províncias de Ismailia e El- Sharkia [Fig. 1]. Os caracteres diagnósticos importantes dos padrões perineais de *M. incognita*, resumidos como arco dorsal alto e quadrado, campo lateral ausente, marcado por quebras e bifurcações nas estrias. Estrias grossas e lisas a onduladas e extremidade da cauda frequentemente com espirais distintas.

[I-l-b]- Regiões amplificadas caracterizadas pela sequência (SCAR):

Os produtos de amplificação resultantes da utilização de três pares de primers SCAR (Far/Rar; Fjav/Rjav e Finc/Rinc) são ilustrados na [Fig. 2]. A banda de *M. incognita* foi observada no tamanho específico da espécie de 1200 pb. A banda de *M. javanica* foi observada a 670 pb, enquanto a banda específica *de M. arenaria* foi observada a 420 pb.

Assim, o padrão de bandas resultante revelou que *M. incognita* (1200 pb) era dominante em todas as quatro amostras de tomate recolhidas nas províncias de Ismailia (1, 2) e El-Sharkia (3, 4).

[I-2]-Fungi:

[I-2-a]-Fungos micorrízicos arbusculares (FMA)

O isolado de fungos AM, que cresceu em cultura monoespecífica, que foi recolhido de plantas de luzerna e identificado como *Glomus* sp. foi utilizado neste estudo [Fig. 3]. Os caracteres e o estado dos caracteres de *Glomus* sp. são apresentados no Quadro [1] e ilustrados na [Fig. 4], para comparar o fungo AM testado com outros géneros AM.

Os caracteres específicos de *Glomus* sp. (0,2,4,12 e 13 [Fig. 4]) que caracterizam *Glomus* spp. em comparação com outros géneros como *Acaulospora* spp. (1,6,9,11 e 3 [Fig. 4]), *Entrophospora* spp. (1,6,9 e 11 [Fig. 4]), *Gigaspora* spp. (1,6,9,5 e 15 [Fig. 4]) e *Scutellospora* spp. (1,6,9,11,5 e 16 [Fig. 4]). Para além do estudo dos esporos

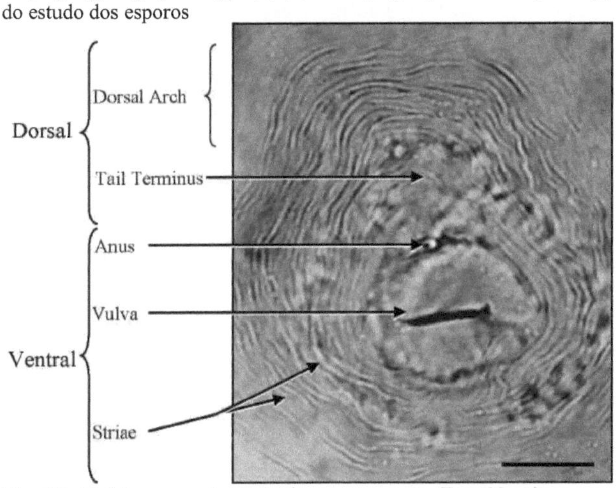

Fig- [1]: Padrão perene de *Meloidogyne incognita* (Bar=90pm)

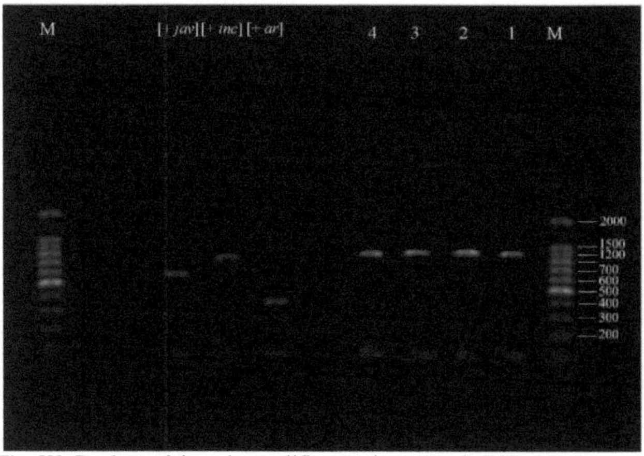

Fig. [2]: Produtos típicos de amplificação da reação de PCR para 4 amostras de *Meloidogyne incognita* recolhidas nas províncias de Ismailia (1, 2) e El-Sharkia (3, 4).

[M]: Marcador

[+j'av]: Amostra positiva de *M.javanica*

[*+inc*]: Amostra positiva de *M. incognita*

[*+ari*]: Amostra positiva de *M.arinaria*

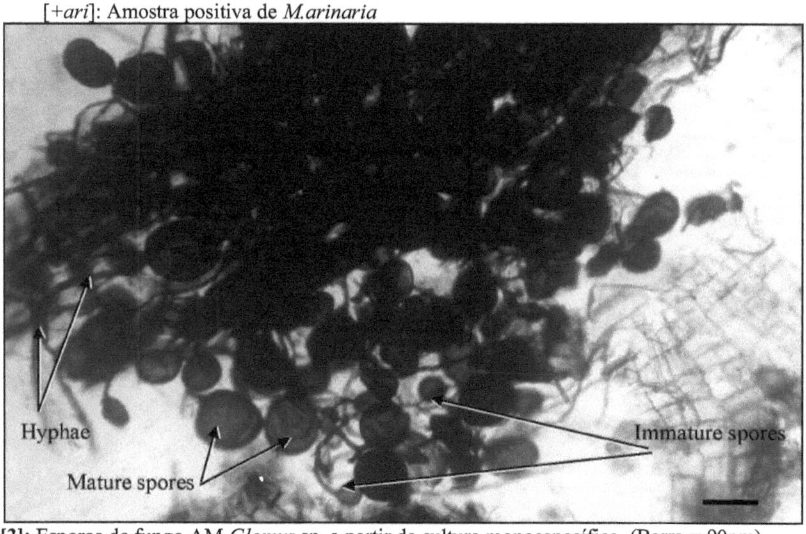

Fig. [3]: Esporos do fungo AM *Glomus* sp. a partir de cultura monoespecífica. (Barra = 90pm)

Tabela [1]: Os caracteres e o estado dos caracteres dos fungos AM.

Carácter	Estado do carácter				
	Glomus spp.	*Acaulospora* spp.	*Entrophospora* spp.	*Gigaspora* spp.	*Scutellospora* spp.
Estrutura dos fungos micorrízicos					
0-Arbscules hifas finas	Presente	Ausente	Ausente	Ausente	Ausente
1-Hifas tronco arbsculares	Ausente	Presente	Presente	Presente	Presente
2- Vesículas ovais	Presente	Ausente	Ausente	Ausente	Ausente
3-Vesículas cheias de óleo	Ausente	Presente	Ausente	Ausente	Ausente
Hifas de 4 ramos	Presente	Ausente	Ausente	Ausente	Ausente

5-Células auxiliares	Ausente	Ausente	Ausente	Presente	Presente
6-Hifas em espiral	Ausente	Presente	Presente	Presente	Presente
7-Hifas externas	Presente	Presente	Presente	Presente	Presente
8-Hifas enroladas	Presente	Presente	Presente	Presente	Presente
9- Parede de esporos	1	2	2	2	2
10-Camadas de paredes de poros	1-4	3	2	3	2
11-Camadas flexíveis da parede do esporo	Ausente	Presente	Presente	Ausente	Presente
12- Poro de esporos	Presente	Ausente	Ausente	Ausente	Ausente
Estilo de germinação dos esporos					

13- Germinação de esporos a partir de hifas subtendidas	Sim	Não	Não	Não	Não
14- Germinação de esporos a partir da superfície da parede externa flexível	Não	Sim	Sim	Não	Não
15- Germinação de esporos penetração direta de um tubo germinativo através da parede do esporo.	Não	Não	Não	Sim	Não
16- Germinação de esporos a partir de uma parede interna flexível	Não	Não	Não	Não	Sim

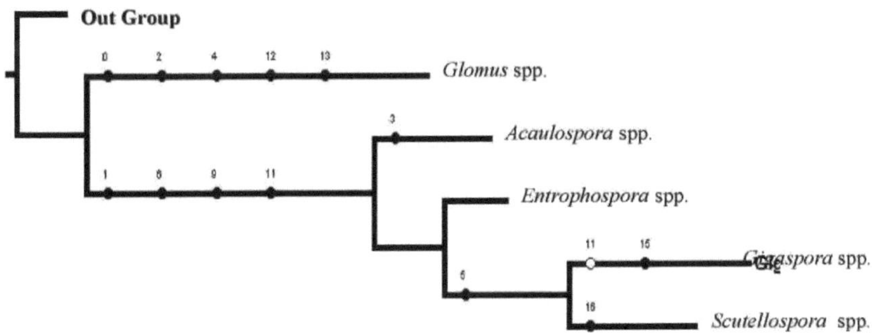

Fig. [4]: A análise de agrupamento do AM separou os géneros de acordo com os caracteres e o estado dos caracteres das fases de germinação dos fungos AM para o fungo AM testado (*Glomus* sp.), para garantir o resultado da identificação [Fig. 5].

[I-2-b]- Fungos parasitas em ovos de nemátodos:

O fungo isolado dos ovos do nemátodo das galhas foi identificado como *Catenaria* sp. Fig. [6], de acordo com **Ainsworth** (1973), e o resultado foi confirmado pelo Dr. Ahmed Abd-El-Azeem e pelo Prof. Dr./ Abd-El-Wahid (Departamento de Microbiologia, Faculdade de Ciências, Universidade do Canal do Suez, Ismailia, Egito).

[I-3]- <u>Bactérias:</u>

Nove isolados de bactérias isoladas do solo foram identificados como *Bacillus thuringiensis* (3 isolados), *B. subtilis, B. amyloliquefaciens, B. cereus, Pseudomonas putida, P.florescens* e *Serratia marcenses.*

[II]- <u>Gestão de nemátodos parasitas de plantas através da utilização de fungos:</u>

[II-l]- Efeito de fungos micorrízicos arbusculares (FMA) no crescimento do tomateiro e na reprodução de *Meloidogyne* sp. na presença de fertilização com fósforo.

Os dados apresentados no Quadro [2] mostram o efeito do fungo AM *Glomus* sp. no crescimento do tomateiro (peso seco do rebento, peso fresco da raiz e altura da planta) em cinco níveis de inóculo AM (zero, 400, 600, 800 e 1000 esporos/planta) na presença de dois níveis de fertilização com fósforo (zero e 60pg P/g de solo), bem como níveis de infeção por nemátodes (zero e 450 J_2 /planta).

Na ausência de infeção por nematóides, o valor mais alto de peso seco de rebentos (37,0g) foi observado ao nível de P 60pg P/g de solo e 1000 esporos AM/planta. O valor mais baixo de peso seco de rebentos (15,0g) foi observado ao nível de P zero e zero esporos AM/planta. Por outro lado, na presença de infeção por nematóides, o menor peso seco do rebento (11,20g) foi detectado no nível de P zero e zero esporos AM/planta, enquanto o maior valor (32,34g) foi detectado no nível de P 60,0pg P/g de solo e 1000 esporos AM/planta.

O peso fresco mais elevado da raiz (17,0 g) foi detectado na presença de infeção por nematódos ao nível de P zero pg P/g de solo e zero esporos AM/planta. O valor mais baixo do peso da raiz (5,33 g) foi detectado ao nível de P zero pg P/g de solo e 1000 esporos AM/planta na ausência de infeção por nematódos. A altura mais baixa da planta (18,5 cm) foi detectada na presença de infeção por nemátodes ao nível de P zero pg P/g de solo e zero esporos AM/planta, enquanto a altura mais alta da planta (48,0 cm) foi detectada na ausência de infeção por nemátodes. Esses dados são apresentados graficamente nas Figs. [7 e 8]

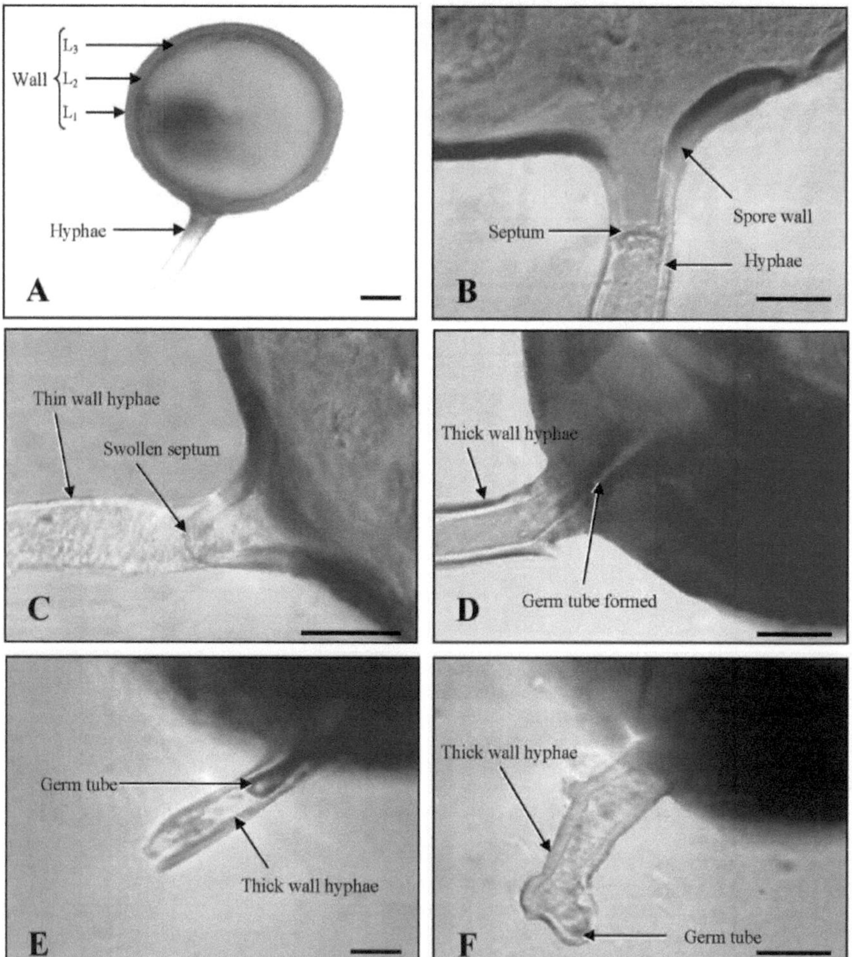

Fig.[5] Estágios de germinação de *Glomus* sp. em cultura monoespecífica. (Barra = 15pm)
A: Esporo típico de *Glomus* sp. e a parede do esporo consiste em 3 camadas L_1? L2 e L3

B: Nos esporos maduros, o esporo forma um septo entre a parede do esporo e a hifa.

C: O septo começa a inchar e a estender-se para formar hifas de parede espessa.

D: O tubo germinativo forma-se a partir do corpo do esporo para crescer através das hifas de parede espessa.

E e **F**: O tubo germinativo a crescer através da parede da hifa.

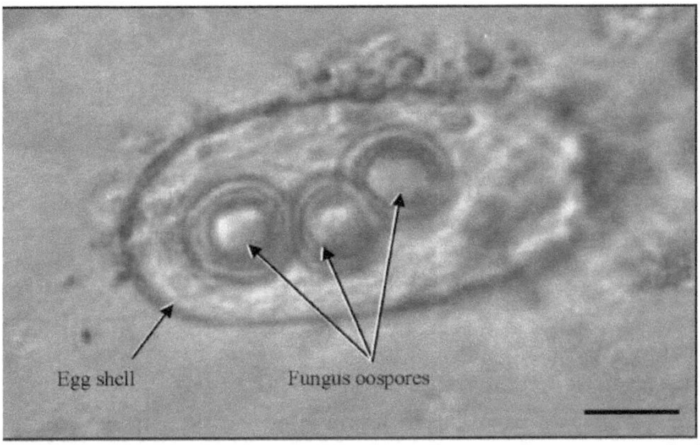

Fig. [6]: Fungo patogénico oospórico (*Catenaria* sp.) dentro da casca de ovo não corada do nemátodo do nó da raiz numa gota de água, mostrando a formação de oósporos. (Barra 20 urna)

Tabela: [2] Efeito do fungo AM *Glomus* sp. no crescimento da planta (peso seco do rebento, peso da raiz e altura da planta) em dois níveis de fertilização com fósforo na presença ou ausência de *Meloidogyne incognita.*

AM esporos/planta	Fósforo Taxas de fertilização											
	Zero pg P/g de solo						60.0p,g P/g de solo					
	Plantas isentas de nemátodos			Plantas infectadas por nemátodos			Plantas isentas de nemátodos			Plantas infectadas por nemátodos		
	Peso seco do rebento (g)	Peso da raiz (g)	Altura da planta (cm)	Peso seco do rebento (g)	Peso da raiz (g)	Altura da planta (cm)	Peso seco do rebento (g)	Peso da raiz (g)	Altura da planta (cm)	Peso seco do rebento (g)	Peso da raiz (g)	Altura da planta (cm)
Não tratado	15.00^{a}	10.50^{d}	24.90^{a}	11.20^{a}	17.00^{c}	18.50^{a}	18.49^{a}	11.56^{b}	31.18^{a}	14.36^{a}	16.54^{c}	26.40^{a}
400	19.00^{b}	8.920^{c}	25.60^{b}	$14.1\ 1^{b}$	11.400^{b}	21.56^{b}	19.50^{ab}	11.21^{b}	34.23^{b}	16.10^{a}	12.55^{b}	30.53^{ab}
600	19.86^{b}	6.770^{b}	26.30^{b}	14.50^{b}	10.50^{b}	24.26^{c}	21.00^{b}	9.500^{a}	36.00^{c}	19.20^{b}	10.63^{a}	30.70^{ab}
800	24.30^{c}	5.920^{ab}	28.30^{c}	22.36^{c}	9.800^{ab}	26.40^{d}	30.00^{c}	9.000^{a}	40.00^{d}	27.21^{c}	9.330^{a}	32.80^{b}
1000	30.34^{d}	5.330^{a}	33.40^{d}	29.49^{d}	8.500^{a}	31.35^{e}	37.00^{d}	8.060^{a}	48.00^{e}	32.34^{d}	9.000^{a}	42.00^{d}

A dimensão média da amostra = 3,00

Os valores na mesma coluna seguidos de letras diferentes são significativamente diferentes de acordo com o teste de intervalo múltiplo de Duncan (P = 0,05)

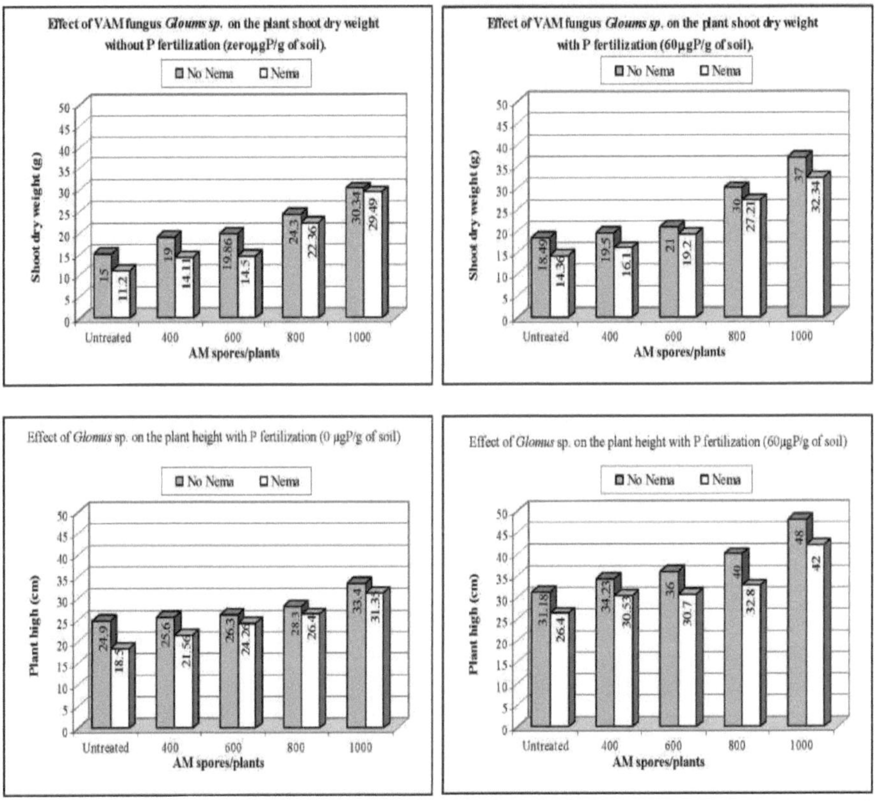

Fig- [7]: Efeito do fungo AM *Glomus* sp. no crescimento da planta (peso seco da parte aérea e altura da planta) em duas taxas de fertilização com fósforo na presença ou ausência de infeção por nematóides (Nema= Nematoide).

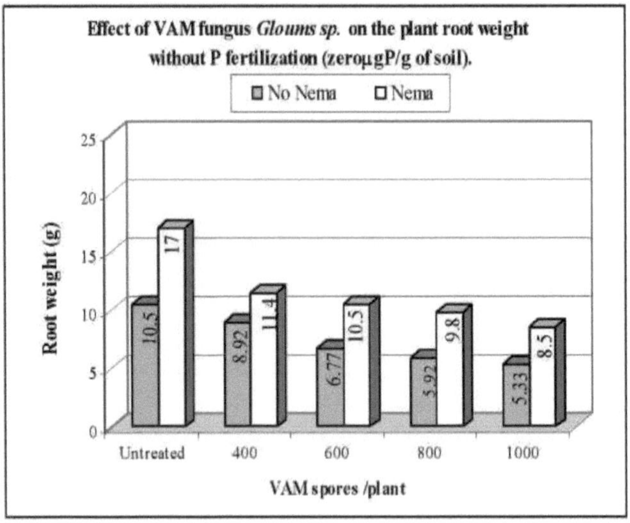

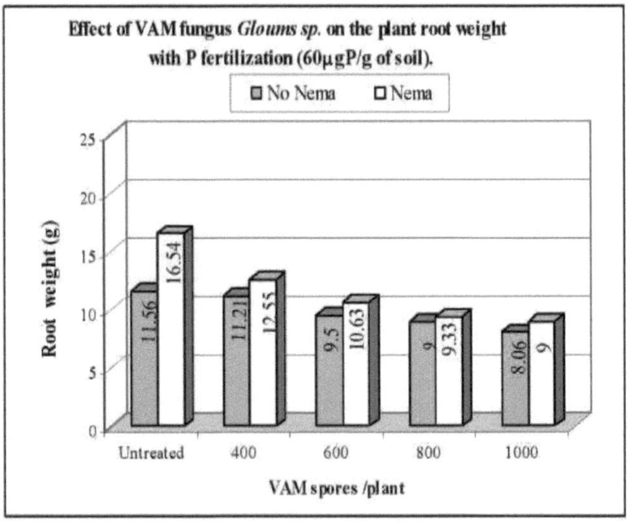

Fig- [8]: Efeito do fungo AM *Glomus* sp. no peso fresco da raiz em duas taxas de fertilização com fósforo na presença ou ausência de infeção por nematóides (Nema= Nematoide).

A partir dos resultados anteriores, pode concluir-se que;

1-Na ausência ou presença de infeção por nemátodos, o peso seco dos rebentos e a altura das plantas aumentaram com o aumento da densidade do inóculo de AM. Enquanto o peso fresco da raiz diminuiu com o aumento da densidade do inóculo AM.

2-O peso seco dos rebentos e a altura das plantas aumentaram com o aumento dos níveis de fósforo, quer na ausência quer na presença de infeção por nemátodos.

3-O maior valor de peso seco de rebentos e altura de plantas foram detectados ao nível de P 60,0pg P/g de solo e inóculo AM 1000 esporos/planta. Enquanto o peso da raiz diminuiu com o aumento da densidade do inóculo AM.

4-A taxa adequada de inóculo AM para proteger as plantas de tomate da infeção por nemátodos e promover o crescimento da planta presente em 1000 esporos de *Glomus* sp. / planta.

5- A fertilização com fósforo desempenha um papel vital no aumento da eficácia do fungo AM (*Glomus* sp.)

Quanto ao efeito de dois níveis de fertilização com P e infeção por nematóides na colonização radicular (%) e esporulação de fungos AM, os dados da Tabela [3] mostram que, na ausência de infeção por nematóides, a maior colonização radicular de fungos AM (91,0%) foi observada a 60,0pg P/g de solo e 1000 esporos AM/planta. Enquanto o valor mais baixo (45,0%) foi detectado a zero pg P/g de solo e 400 esporos AM/planta. Por outro lado, na presença de infeção por nematóides, a maior colonização radicular por AM (79,0%) foi observada a 60,0pg P/g de solo e 1000 esporos AM/planta. Enquanto o valor mais baixo (36,3%) foi observado a zero pg P/g de solo e 400 esporos AM/planta.

O valor mais alto de esporulação AM (5301 esporos/100cm^3 de solo) foi observado na ausência de infeção por nematóides a 60,0pg P/g de solo e 1000 esporos AM/planta. Enquanto que o valor mais baixo (1745 esporos/100cm^3 de solo) a zero pg P/g de solo e 400 esporos AM/planta. Por outro lado, na presença de infeção por nematóides, o valor mais alto de esporulação AM (3571 esporos/100cm^3 de solo) foi registado a 60,0pg P/g de solo e 1000 esporos AM/planta. E o valor mais baixo de esporulação AM (1233 esporos/100cm^3 de solo) foi observado a zero pg P/g de solo e 400 esporos AM/planta. Esses dados também foram apresentados graficamente na Fig. [9].

A partir dos resultados anteriores, pode concluir-se que

1- A colonização radicular por AM (%) foi aumentada com o aumento da densidade do inóculo de AM na ausência ou presença de infeção por nematodos.

Tabela [3]: Efeito da infeção por nematóides, taxas de fertilização com fósforo e diferentes densidades de inóculo de AM na colonização radicular e esporulação de AM nas raízes do tomateiro.

inóculo	Taxa de fertilização com fósforo							
	Zero pg P/g de solo				60,0pg P/g de solo			
	Plantas isentas de nemátodos		**Plantas infectadas por nemátodos**		**Plantas isentas de nemátodos**		**Plantas infectadas por nemátodos**	
	Colonização da raiz %	Esporos/lOOcm^3 do solo	Colonização da raiz %	Esporos/lOOcm^3 do solo	Colonização da raiz %	Esporos/lOOcm de solo	Colonização da raiz %	Esporos/lOOcm^3 do solo
400	45.0^a	1745^a	36.3^a	1233.0^a	51.0^a	2301^a	45.0^a	1815^a
600	65.3^b	2482^b	49.3^b	1980.3^b	73.6^b	3214^b	60.3^b	2450^b
800	70.3^C	3723^c	52.0^c	2405.3^C	80.0^c	3912^c	65.0^c	3025^c
1000	83.0^d	4823^d	70.3^d	3175^d	91.0^d	5301^d	79.0^d	3571^d

-A dimensão média da amostra = 3,00

-Valores na mesma coluna seguidos de letras diferentes são significativamente diferentes de acordo com o teste de intervalo múltiplo de Duncan *(P* = 0,05)

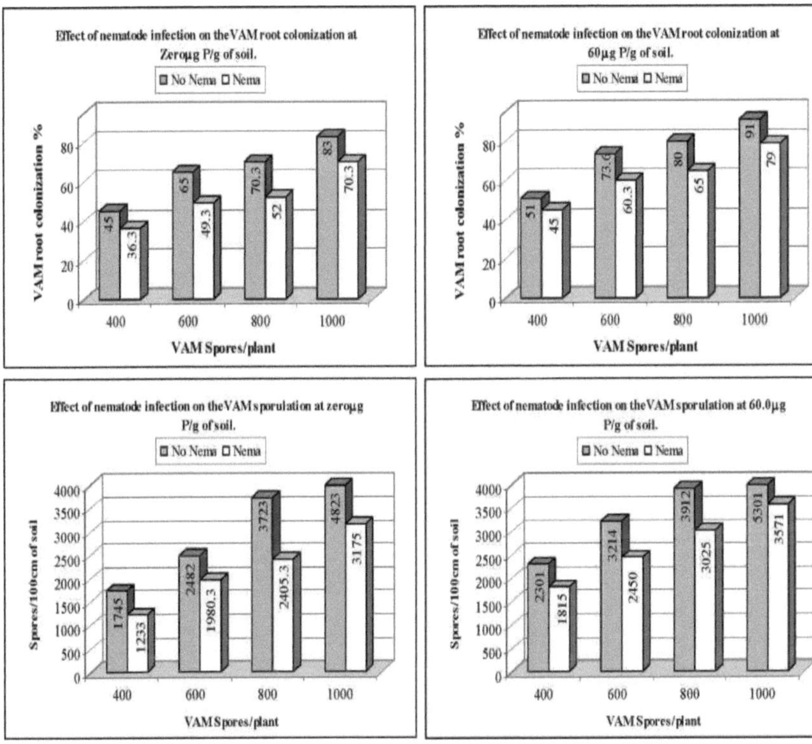

Fig. [9]: O efeito da infeção por nemátodes e da fertilização com fósforo na colonização radicular e esporulação de AM na raiz de plantas de tomate.

2- A percentagem de colonização radicular por AM foi afetada pelos níveis de fertilização com fósforo. A taxa de fertilização de 60,0pg P/g de solo foi mais adequada para a colonização de AM nas raízes das plantas.

3-A esporulação de AM foi aumentada com o aumento da densidade do inóculo de AM.

4-A colonização radicular e a esporulação do AM diminuíram na presença de infeção por nemátodes, em comparação com os tratamentos sem infeção por nemátodes.

5-A densidade de inóculo de AM 1000 esporos/planta foi mais adequada para proteger as raízes das plantas da infeção por nemátodos, diminuindo a infeção por nemátodos.

6-Quando o AM *Glomus* sp. colonizou a raiz do tomateiro, registou-se uma maior proteção contra o ataque de nemátodos. A proteção da raiz aumentou com o aumento da percentagem de colonização da raiz por AM, que se aprofunda com as taxas de inóculo de AM. Assim, a maior proteção da raiz observada na taxa de inóculo AM 1000 esporos/palnt e 60.0pg P/g de solo, [Fig., 10].

7-Na presença de densidade de inóculo de AM 1000 esporos/planta, alguns esporos formaram-se no tecido da raiz, o que só apareceu nesta taxa de inóculo de AM. [Fig., 11]

Quanto ao efeito do fungo AM (*Glomus* sp.) e das taxas de fertilização com fósforo nos números de J_2 /100 cm^3 de solo, massas de ovos/sistema radicular, galhas/sistema radicular e ovos/massa de ovos. Os dados representados na Tabela [4] e graficamente na [Fig. 12] mostram que na ausência de fertilização com P (zero Ppg/g de solo) os números mais baixos de J_2 /100cm de solo, massas de ovos/sistema radicular, galhas/sistema radicular e massa de ovos/ovos foram registados na densidade de inóculo AM 1000 esporos/plantas 107.0, 13.60, 17.00 e 174.3 respetivamente. Enquanto o mais alto dos J /100cm$_2^3$ (360) massas de ovos/sistema radicular (31.00), galhas/sistema radicular (57.33) e ovos/massa de ovos (365.3) foram registados a zero densidade de inóculo AM. Por outro lado, na presença de fertilização com fósforo 60.0pg P/g de solo, os números mais baixos de J /100cm$_2^3$ de solo, massa de ovos/sistema radicular, galhas/sistema radicular e ovos/massa de ovos foram registados na densidade de inóculo AM 1000 esporos/plantas, 65.67, 8.00, 12.33 e 102.0 respetivamente. O maior número de J /100cm$_2^3$ de solo, massa de ovos/sistema radicular, galhas/sistema radicular e ovos/massa de ovos foram observados na densidade de inóculo AM zero esporos/plantas, 305,6, 26,30, 48,0 e 375,33 respetivamente.

-Podem <u>concluir-se os seguintes resultados</u>:

1- Os números de J_2 diminuíram com o aumento da densidade de inóculo de AM, independentemente da fertilização com fósforo.
2- O número de massa de ovos/sistema radicular diminuiu com o aumento da densidade de inóculo de AM na presença ou ausência de fertilização com fósforo.

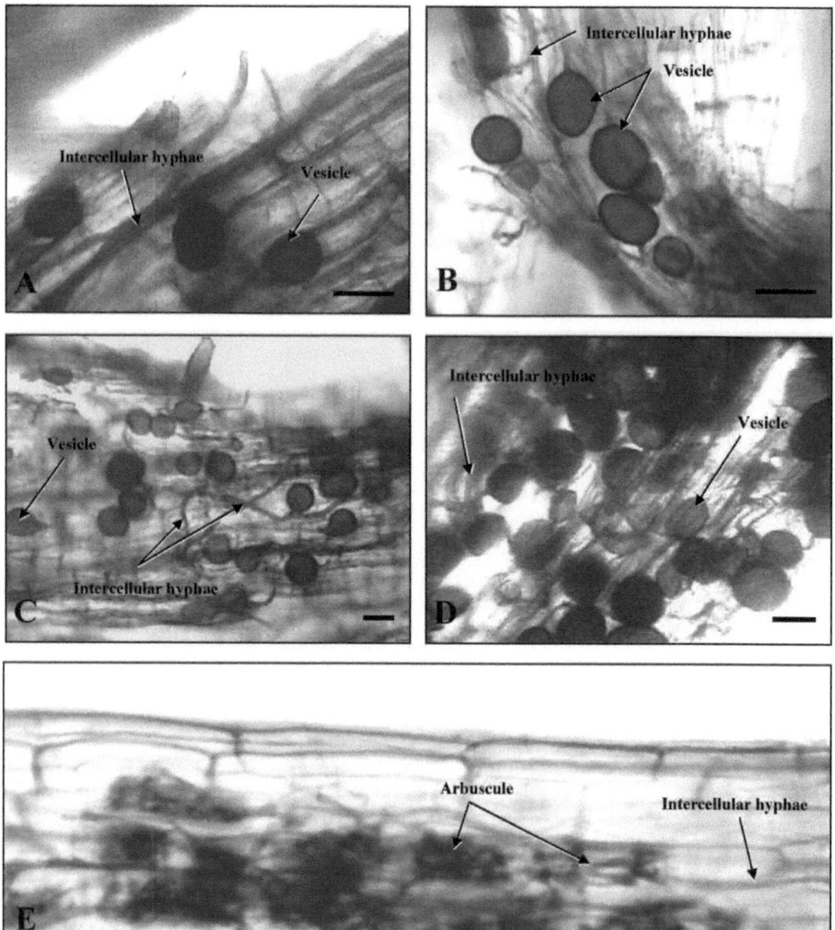

Fig. [10]: O fragmento de raiz de tomate corado com azul de tripano para detetar a colonização da raiz pelo fungo AM (*Glomus* sp.) em diferentes densidades de inóculo. (Barras em A, B, C e D =80µm. Enquanto a barra em E =110µm)

A-Colonização de raiz de AM a 400 esporos/planta B-Colonização de raiz de **AM** a 600 esporos/planta **C-Colonização** de raiz de **AM** a 800 esporos/planta D-Colonização de raiz de **AM** a 1000 esporos/planta E-Estrutura de fungos micorrízicos arbusculares (*Glomus* sp.) formados em raiz de tomate.

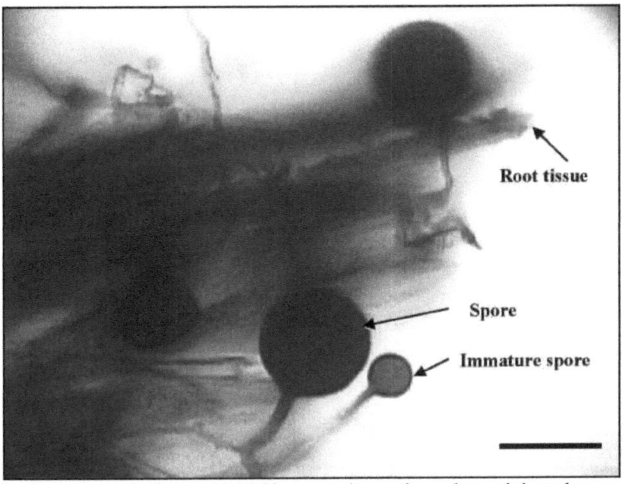

Fig. [11]: Os esporos do fungo AM (*Glomus* sp.) corados pelo azul de tryban na raiz do tomateiro sob fertilização com fósforo 60pg P/g de solo. (Barra =90pm).

Tabela [4]: Efeito de cinco taxas do fungo AM *(Glomus* sp.) na reprodução do nematoide *(Meloidogyne incognita)* em dois níveis de adubação com fósforo.

Esporos VAM/planta	Taxa de fertilização com fósforo							
	Zero pg P/g de solo				**60,0pg P/g de solo**			
	J /100cm$_2^3$ do solo	Massa de ovos/sistema radicular	Galhas/sistema radicular	Ovo/massa de ovo	J /100cm$_2^3$ do solo	Massa de ovos/sistema radicular	Galhas/sistema radicular	Ovo/massa de ovo
Não tratado	360.0^e	31.00^d	57.33^d	365.3^e	305.6^e	26.30^e	48.00^e	375.33^e
400	276.0^d	27.00^c	43.66^c	319.3^d	264.3^d	17.30^d	31.67^d	255.67^d
600	161.3^C	18.67^b	32.60^b	287.3^C	158.3^C	13.30^c	22.00^c	190.00^c
800	146.0^b	14.66^a	31.00^b	260.6^b	137.6^b	10.33^b	17.00^b	129.00^b
1000	107.0^a	13.60^a	17.00^a	174.3^a	65.67^a	8.000^a	12.33^a	102.00^a

A dimensão média da amostra = 3,00

Os valores na mesma coluna seguidos de letras diferentes são significativamente diferentes de acordo com o teste de intervalo múltiplo de Duncan (P = 0,05)

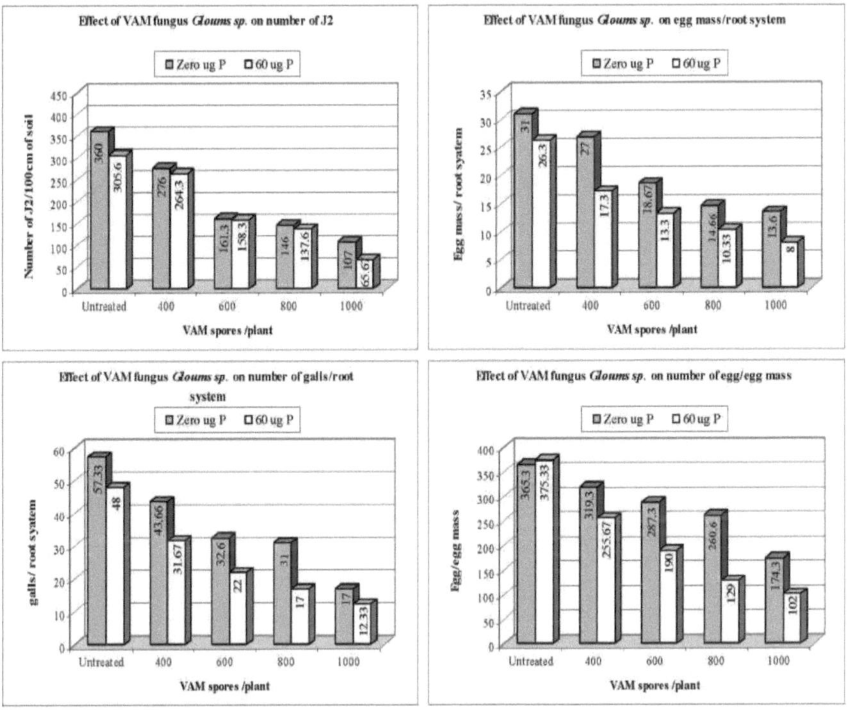

Fig. [12]: Efeito do fungo AM (*Glomus* sp.) em cinco taxas na reprodução do nematoide em dois níveis de fertilização com fósforo.

3- A eficácia do fungo AM para diminuir a população de nemátodes aumentou na presença de fertilização com fósforo.

- Análise das proteínas das folhas de tomateiro (SDS-PAGE):

Os dados obtidos na Tabela [5] mostram as bandas comparativas de proteínas reveladas por SDS-PAGE a 12%. Fig.[13] mostra os resultados de SDS-PAGE para folhas de tomate de plantas infectadas ou não infectadas com *M. incognita* (450 J_2 /planta) na presença ou ausência de *Glomus* sp. a 1000 esporos/planta com nível de fertilização de fósforo de 60pg P/g de solo.

Padrão proteico do tomateiro em quatro tratamentos: planta apenas com fungo AM, planta apenas com infeção por nemátodo, planta com fungo AM e infeção por nemátodo em conjunto, planta sem infeção por nemátodo ou fungo AM (como controlo). O peso molecular das bandas proteicas foi muito diferente nos quatro tratamentos, como se segue:

1- Foram registadas dez bandas proteicas nas folhas do tomateiro tratado com o fungo AM (198, 151, 129, 118, 106, 92,76,67,47 e 38 kDa). Duas bandas proteicas específicas (198 e 129 kDa) indicaram a infeção por AM em comparação com o controlo.

2- Na presença de infeção por nemátodos foram registadas 9 bandas de proteínas (151, 138, 119, 106, 91,76,66,47 e 39 kDa), uma das quais era uma banda específica (138 kDa) que estava presente apenas no caso de infeção por nemátodos em comparação com o controlo.

3- Na presença de infeção por nemátodo e fungos AM foram registadas 9 bandas proteicas (151, 138, 119, 106, 92,77,67,50 e 40 kDa) e uma delas (50 kDa) estava presente na infeção por nemátodo e AM em comparação com os outros tratamentos, no caso das duas bandas proteicas específicas para os fungos AM desapareceram (198, 129 kDa), enquanto que as bandas proteicas específicas para o nemátodo (138 kDa) apareceram.

4-Só foram detectadas oito bandas de proteínas nas plantas de controlo (151, 119, 106, 92,77,66,47 e 37 kDa).

5- Gel de padrão polipeptídico ilustrado na Fig. [13]

Tabela [5]: Peso molecular (kDa) das bandas de proteínas em folhas de tomate determinado a 60,0pg P/g de solo na presença ou ausência de fungo AM (*Glomus* sp.) e infeção por nematóides.

Pk/Ln#	M	A	B	C	D
1	205	-	-	-	-
2	-	198	-	-	-
3	-	151	151	151	151
4	-	-	138	138	-
5	-	129	-	-	-
6	116	118	119	119	119
7	-	106	106	106	106
8	97.4	-	-	-	-
9	-	92	91	92	92
10	-	76	76	77	77
11	66	67	66	67	66
12	-	-	-	50	-
13	-	47	47	-	47
14	45	-	-	-	-
15	-	38	39	40	37
16	29	-	-	-	-

M: Marcador de proteínas [SIGMA electrophoresis stock No. SDS-6H]
A: Planta tratada com fungo AM (1000 esporos/planta)
B: Planta infetada *com Meloidogyne incognita* (450J2/planta)
C: Planta tratada com fungo AM *e M.incognita*
D: Planta isenta de infeção por fungos AM ou nemátodos como controlo

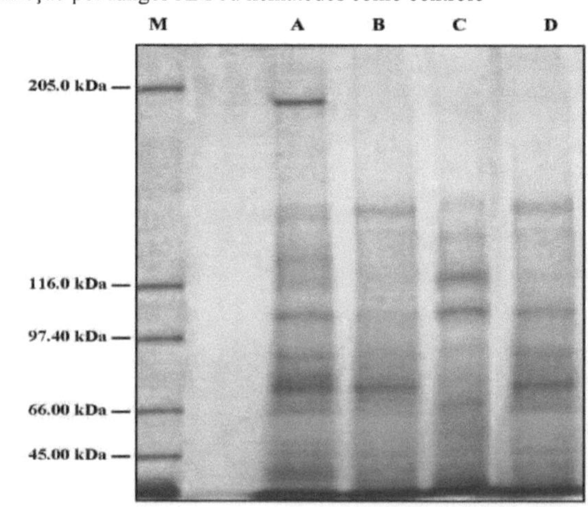

Fig.[13]: Padrão polipeptídico das folhas de tomate revelado pela análise SDS-PAGE na presença ou ausência de fungos AM (*Glomus* sp.) e infeção por nemátodos: **M:** Marcador de proteínas [Sigma electrophoresis stock No. SDS-6H] **A:** Planta tratada com fungo AM (1000 esporos/planta)

B: Planta infetada *com Meloidogyne incognita* (450J2/planta)

C: Planta tratada com o fungo AM e infetada com *M. incognita*

D: Planta isenta de infeção por fungos AM ou nemátodos como controlo

[II-2]- Gestão de nemátodos parasitas de plantas através da utilização de fungos parasitas de ovos:

Os dados apresentados na Tabela [6] e ilustrados na Fig. [14] mostram o efeito do fungo parasita de ovos (*Catenaria* sp.) na eclosão dos ovos de *M. incognita* a 100, 300 e 500 oósporos/50ml a três graus de temperatura 10, 25 e 30±2°C em comparação com o controlo (as mesmas condições mas sem o fungo).

O número mais elevado de J_2 /ml 7 dias após a inoculação (473,3 J_2) foi detectado a 30°C na ausência de infeção por *Catenaria* sp. Enquanto o número mais baixo (15,33 J_2) foi detectado a 10°C na presença de infeção por *Catenaria* sp. a 500 oósporos/50ml.

-Podem <u>concluir-se os seguintes resultados</u>

1- O número de ovos de nemátodos que eclodiram diminuiu com o aumento da densidade de inóculo de *Catenaria* sp. nos três graus de temperatura testados, 7 dias após a inoculação.
2- A eficácia da *Catenaria* sp. diminuiu com o aumento dos níveis de temperatura, comparando com diferentes taxas de inóculo em diferentes graus de temperatura.
3- Parece que o grau mais baixo de temperatura (10 °C) foi mais adequado para diminuir o número de ovos eclodidos na presença do fungo em diferentes taxas de inóculo.
4- A percentagem de mortalidade dos ovos causada pela infeção por fungos aumentou com o aumento do inóculo do fungo.
5- O fungo estava a parasitar e a crescer no interior da casca do ovo, causando o consumo de todo o ovo, como mostra a Fig. [15]

Tabela [6]: Efeito de três taxas de inóculo de *Catenaria* sp. na eclosão de ovos de *M. incognita* em três graus de temperatura.

Oósporos/50ml	Número de U/ml 7 dias após a inoculação			Sobrevivência ovo %	Ovo de morte %	Mortalidade por fungos %
	10 °C	25 °C	30 °C			
Não tratado	366.6^{d}	398.3^{d}	473.3^{d}	82.54^{d}	17.46^{a}	0.00^{a}
100	176.66^{e}	206.6^{e}	250.0^{e}	42.22^{e}	57.78^{b}	40.32^{b}
300	61.66^{b}	71.66^{b}	116.66^{b}	16.66^{b}	83.34^{e}	65.88^{e}
500	15.33^{a}	21.66^{a}	35.66^{a}	4.840^{a}	95.16^{d}	80.70^{d}

-A dimensão média da amostra = 3,00

-Valores na mesma coluna seguidos de letras diferentes são significativamente diferentes de acordo com o teste de intervalo múltiplo de Duncan (P = 0,05)

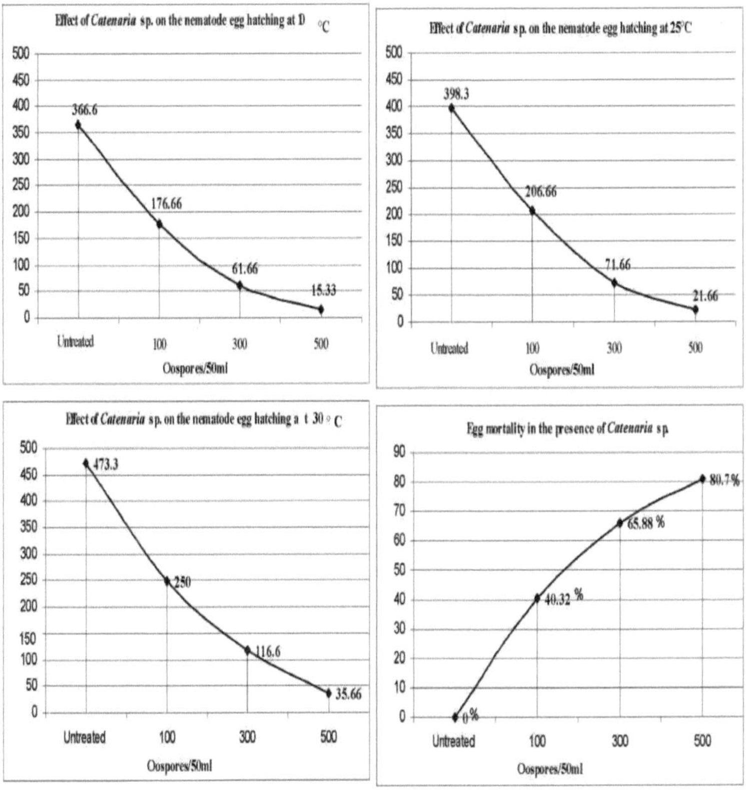

Fig. [14]: Efeito de três taxas de inóculo de *Catenaria* sp. (100, 300 e 500 oósporos) na eclosão de ovos de ovos de *M. incognita* em três graus de temperatura (10, 25 e 30 °C).

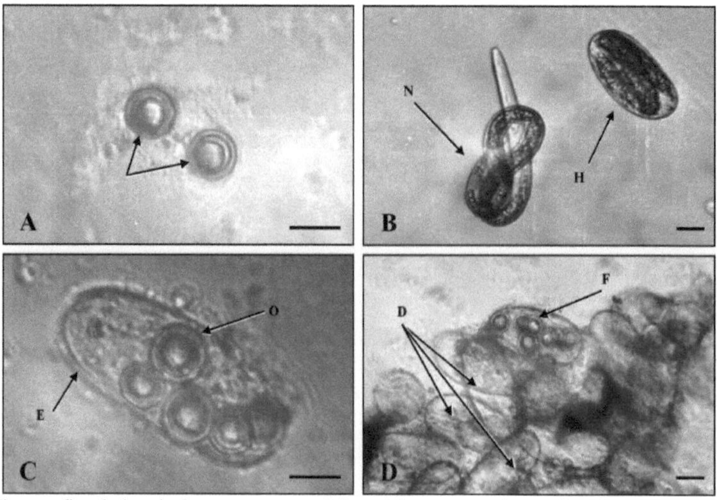

Fig. [15]: Micrografias de luz de fungos ovopatogénicos (*Catenaria* sp.) parasitando os ovos do nemátodo das galhas. (Barras=20pm) [A]: Os oósporos do inóculo do fungo (setas).
[B]: Ovo saudável (**H**), recém-eclodido J_2 (**N**).
[C]: Ovo de nemátodo contendo oósporos de *Catenaria* sp.
(**O**): Oósporos *de Catenaria.*
(**E**), Casca de ovo de nemátodo.
[D]: Ovos de nemátode mortos (**D**), oósporos de fungos nos ovos de nemátode (**F**).

[III]-Gestão **do nemátodo parasita das plantas através da utilização de bactérias:**

[III-1-a]- Influência de *Bacillus thuringiensis* na densidade populacional do nemátodo das galhas (*Meloidogyne incognita*) em plantas de tomateiro infectadas.

Os dados no quadro [7] e ilustrados nas figuras [16 e 17], mostram a influência de *B. thuringiensis* em 4 formas diferentes (*Bt.* exotoxina, *Bt.* endotoxina, *Bt.* esporos e *Bt.* células vegetativas) no número de Vg de raízes de tomateiro e .F '100g do solo 2, 4, 6 e 35 dias após a infeção por nemátodos.

O número médio mais baixo de J_2 /g de sistema radicular (2,73) foi detectado na exotoxina de *Bt.* dois dias após a infeção por nemátodes. No entanto, o número mais elevado (15,70) foi observado na planta não tratada (livre de bactérias e infetada por nemátodos). Um resultado semelhante foi obtido após 4 dias, uma vez que a exotoxina *de Bt.* tem o número mais baixo de J_2 /g de raiz (3,37) em comparação com outros tratamentos (10,37, 8,75, 8,00 e 21,25), endotoxina de *Bt.*, esporos de Bt., células vegetativas *de Bt.* e não tratados, respetivamente. Enquanto que 6 dias após a infeção por nemátodos, os números mais baixos (9,13) foram observados nas células vegetativas *Bt.* em comparação com outros tratamentos *Bt.* exotoxina, *Bt.* endotoxina, *Bt.* esporos e sem tratamento, respetivamente (13, 15,75, 10,33 e 22,75).

Relativamente ao número de J_2 /100g de solo, o número mais elevado foi encontrado dois dias após a infeção por nemátodes na endotoxina *de Bt.* seguido das células vegetativas *de Bt.* e depois das células de exotoxina de *Bt.* 10,6, 10,4 e 10,2, respetivamente. Não foram encontradas diferenças significativas entre tratamentos, mas diferenças significativas quando comparadas com plantas não tratadas. Enquanto os números mais elevados de J_2 /100g de solo (7,3 e 5,6) foram detectados em células vegetativas *Bt.* após 4 e 6 dias, respetivamente, em comparação com outros tratamentos.

No final do experimento, 35 dias após a infeção por nematóides, o menor número de J_2 /g de solo (1,104) foi detectado com células vegetativas *de Bt.* seguido por esporos *de Bt.* (1,80), depois exotoxina de Bt. (3,21) e endotoxina *de Bt.* (9,48) em comparação com o não tratado (14,26). Resultados semelhantes foram obtidos no caso do número de galhas/g de raiz; uma vez que os valores correspondentes foram (0,890), (1,20), (1,82), (3,20) e (5,410), respetivamente. Além disso, o número mais baixo de massas de ovos/g de raiz (0,320) foi detectado com células vegetativas *de Bt.* seguido de esporos *de Bt.* (0,55), depois exotoxina de Bt. (1,25) e endotoxina *de Bt.* (2,17) em comparação com o não tratado (3,720)

Tabela [7]: Influência de quatro formas de *Bacillus thuringiensis (Bt.)* nas densidades populacionais 2, 4, 6 e 35 dias, após a inculcação de *Meloidogyne incognita* em raízes de tomateiro.

Dados	Tratamento com *Bacillus thuringiensis (Bt.)*				
	Exotoxina *de Bt.*	***Bt.* endotoxina**	**Esporos *de Bt.***	**Células vegetativas *Bt.***	**Não tratado com *Bt.***
Após 2 dias					
N.º J_2 /g raízes'	2.73^{a}	8.75^{b}	7.700^{b}	6.25^{ab}	15.70^{e}
N.º J_2 /100g de solo	10.20^{e}	10.60^{e}	9.060^{b}	10.40^{e}	7.600^{a}
Após 4 dias					
Não. J_2 /g root'	3.37^{a}	10.37^{e}	8.75 ^{b}	8.00^{b}	21.25^{d}
N.º J_2 /100g de solo	5.20^{a}	7.100^{d}	6.60 ^{e}	7.30^{e}	6.30^{b}
Após 6 dias					
N.º J_2 /g de raiz'	13.0^{b}	15.75^{e}	10.33 ^{a}	9.13 ^{a}	22.75 ^{d}
N.º J_2 /100g de solo	2.10^{b}	3.300^{e}	4.00 ^{d}	5.60^{e}	0.300^{a}
Após 3			**>5 dias**		
N.º J_2 /lg solo	3.21^{b}	9.482 ^{e}	1.808^{ab}	1.104^{a}	14.26 ^{d}
N.º galhas/g raiz''	1.82^{e}	3.200 ^{d}	1.200^{b}	0.890^{a}	5.410^{e}
N.º de massas de ovos/lg de raiz''	1.25^{e}	2.170^{d}	0.550^{b}	0.320^{a}	3.720 ^{e}

-Valores na mesma linha seguidos de letras diferentes são significativamente diferentes de acordo com o teste de intervalo múltiplo de Duncan (P = 0,05)
- A média do peso da raiz =12g
-**A média do peso da raiz =23g

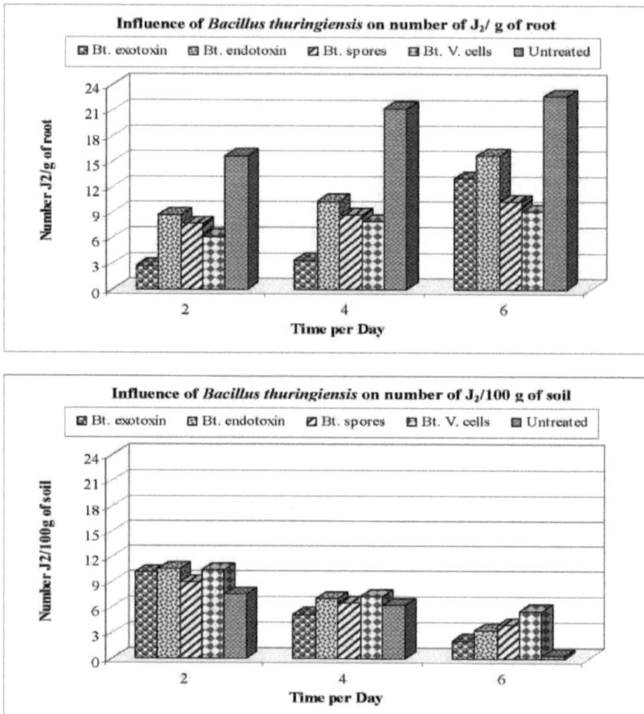

Fig. [16]: A influência do *Bacillus thuringiensis* (*Bt.*) sobre o *Meloidogyne incognita* 2, 4 e 6 dias após a inoculação do nematoide.

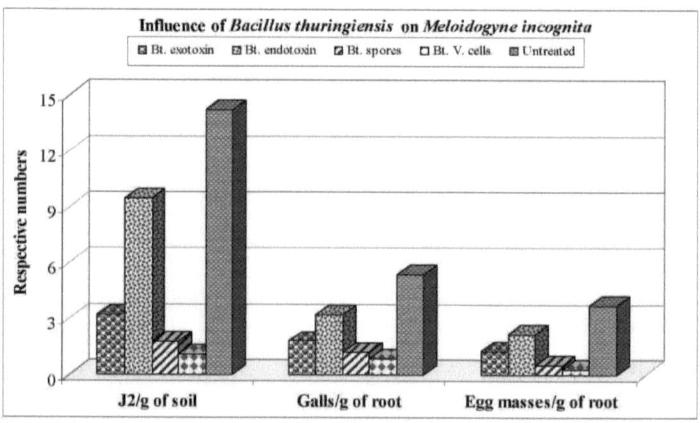

Fig. [17]: A influência de *Bacillus thuringiensis* (*Bt.*) na reprodução *de Meloidogyne incognita* reprodução de Meloidogyne incognita 35 dias após a inoculação do nematoide.

[III-l-b]-Influência de *Bacillus thuringiensis* (*Bt.*) na invasão do nemátodo das galhas do tomateiro.

Os dados apresentados no Quadro [8] e ilustrados na Fig. [18] mostram a influência da exotoxina *Bt.*, da endotoxina Bt., dos esporos *Bt.* e das células vegetativas *Bt.* de *B. thuringiensis* na invasão do nemátodo das galhas radiculares no tomateiro após 3 e 7 dias da infeção pelo nemátodo.

O número mais baixo de sistemas radiculares .F (28) foi detectado com a exotoxina *Bt.* 3 dias após a infeção por nemátodo. O número mais elevado (156) foi observado no tratamento de controlo (isento de bactérias mas infetado com nemátodo). Consequentemente, a menor invasão de J_2 na raiz do tomateiro (6%) foi detectada no tratamento com exotoxina *Bt.* e a maior percentagem de invasão de J_2 (34%) foi detectada no tratamento de controlo após 3 dias. Enquanto o menor número de J_2 / sistema radicular (76) foi observado com células vegetativas *de Bt.* 7 dias após a infeção por nemátodos e a menor percentagem de invasão de J_2 (16%) foi detectada no mesmo tratamento (células vegetativas de *Bt.*). Por outro lado, o número mais elevado de J_2 /sistema radicular (365) foi detectado com o tratamento de controlo e a percentagem de invasão foi de 83% após 7 dias da infeção por nemátodos.

No que diz respeito ao modo de ação de *B. thuringiensis* em J_2 de *Meloidogyne incognita*, *Bt.* foi utilizado em quatro formas: *Bt.* exotoxina, *Bt.* endotoxina, *Bt.* esporos e *Bt.* células vegetativas. O J_2 de *M. incognita* foi tratado com as quatro formas de *Bt.* durante 15 minutos, seguido de lavagem com água destilada. A maioria dos dados recolhidos não foi significativa em comparação com o controlo e entre eles 3 e 7 dias após a infeção pelo nemátodo. Assim, estes resultados explicam o modo de ação do *Bt.* em J_2 de *M. incognita* devido ao efeito externo das formas *de Bt.* no corpo do nemátodo e não no interior do corpo, como acontece com os insectos.

Tabela [8]: Influência de *Bacillus thuringiensis (Bt.)* na invasão de *M. incognita* em plantas de tomate.

Dados	Controlo	Tratada apenas com P/. durante 15 minutos a 25°C			
		Bt. Exotoxina	*Bt.* Endotoxina	*Bt.* Esporos	*Células Bt.* Células V.
	Após 3 dias				
J2 no sistema radicular	156^{d}	28.0^{a}	144^{d}	80.0^{e}	53.0^{b}
J2 no solo	187^{a}	302^{b}	241^{b}	267^{b}	246^{b}
Invasão % de J2	34.0^{d}	6.00^{a}	32.0^{d}	17.0^{b}	11.0^{ab}
	Após 7 dias				
J2 no sistema radicular	365^{e}	103^{a}	280^{b}	97.0^{a}	76.0^{a}
J2 no solo	32.0^{a}	230^{e}	109^{b}	266^{d}	278^{d}
Invasão % de J2	83.0^{e}	22.0^{a}	62.0^{b}	21.0^{a}	16.0^{a}
Dados	Controlo	Tratada com *Bt.* e depois lavada com água destilada durante 15 minutos a 25°C			
		Bt. Exotoxina	*Bt.* Endotoxina	*Bt.* Esporos	*Células Bt.* Células V.
	Após 3 tinturas				

J2 no sistema radicular	148^{a}	130 ^{a}	135 ^{a}	144^{a}	127^{a}
J2 no solo	230^{a}	260 ^{a}	244^{a}	236^{a}	266^{a}
Invasão % de J2	33.0^{a}	29.0^{a}	30.0^{a}	32.0^{a}	28.0^{a}
	Após 7 tinturas				
J2 no sistema radicular	337^{a}	329^{a}	340^{a}	333 ^{a}	326^{a}
J2 no solo	40.0^{a}	57.0^{b}	43.0^{a}	67.0^{b}	59.0^{b}
Invasão % de J2	78.0^{a}	77.0^{a}	80.0^{a}	77.0^{a}	80.0^{a}

-A dimensão média da amostra = 3,00

-Valores na mesma linha seguidos de letras diferentes são significativamente diferentes de acordo com o teste de intervalo múltiplo de Duncan (P = 0,05)

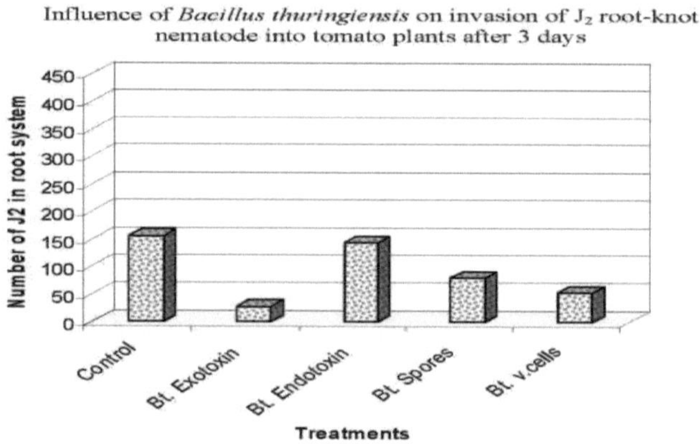

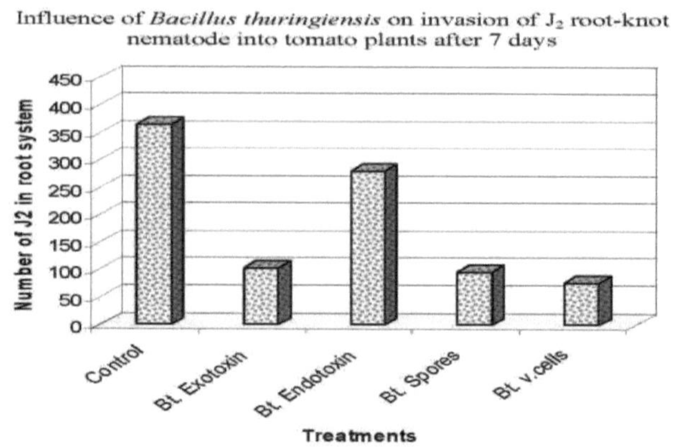

Fig. [18]: Influência de *Bacillus thuringiensis* (*Bt.*) na invasão do nemátodo do nó da raiz em plantas de omateiro.

[III-2]-Influência de *Pasteuria penetrans* na infeção por *M. incognita*;

[III-2-a]-Influência de três tipos de textura do solo na atividade e permanência de *Pasteuria penetrans* no solo.

Os dados apresentados no Quadro [9] e ilustrados na Fig.[19] mostram a influência de três texturas de solo diferentes (arenoso, argilo-arenoso e argiloso) na atividade e permanência de *P. penetrans* no solo. O maior número de endosporos lixiviados/ml de água drenada (1,1 x10^3) foi observado no solo arenoso após 10 dias, seguido de argila arenosa (0,67x10^2) e depois de solo argiloso (0,32x10^2). Também o número mais elevado de J_2 /10g de solo (41,0) foi detectado no solo arenoso não tratado, seguido do solo argiloso arenoso (33,3) e depois do solo argiloso (25,3).

O número mais baixo de J_2 /10g de solo (9,33) foi observado no solo argiloso com *P. penetrans* a uma taxa de 1x10^3 endósporos/g de solo (2,5kg/pote), seguido de solo argiloso arenoso (12,6) e depois arenoso (19,0), [Sem diferenças significativas entre solo argiloso e argiloso arenoso]. Resultados semelhantes foram obtidos ao contar as massas de ovos/sistema radicular, os números mais baixos de massas de ovos 5,33 e 6,00 foram observados em solo argiloso e argilo-arenoso, respetivamente, que foram tratados com *P. penetrans* e depois em solo argilo-arenoso (9,33). O número mais elevado de endosporos/J_2 de *M. incognita* foi contado para detetar a quantidade de endosporos que permaneceram no solo. O número mais elevado de endósporos aderidos foi observado no solo argiloso, que foi tratado por bactérias, seguido do solo areno-argiloso e do solo arenoso, com 7,66 e 2,66, respetivamente. Alguns endosporos lixiviados de *P. penetrans* são ilustrados na Fig. [20].

Tabela [9]: Influência de três tipos de texturas de solo (arenoso, *argilo-arenoso* e argiloso) na atividade e permanência de *Pasteuriapenetrans* no solo.

Textura do solo	Endosporos/g de solo	Endósporos/ml de água drenada após 10 dias*	U/lOg solo	Massas de ovos/raiz	Endosporos/U
Sandy	Não tratado	-	41.0^{e}	26.3^{e}	-
	IxlO³	$1.11x10^{3e}$	19.0^{b}	9.33^{b}	2.66^{a}
Argila arenosa	Não tratado	-	33.3^{d}	20.3^{d}	-
	IxlO³	$0,67x10^{2b}$	12.6^{a}	6.00^{a}	7.66^{b}
Argila	Não tratado	-	25.3^{e}	15.6^{e}	-
	IxlO³	$0,32x10^{2a}$	9.33^{a}	5.33^{a}	10.33^{e}

-A dimensão média da amostra = 3,00
-Valores na mesma coluna seguidos de letras diferentes são significativamente diferentes de acordo com o teste de intervalo múltiplo de Duncan ($P = 0,05$) * Água drenada/dia 2,6ml para solo arenoso, 1,4ml para solo argiloso arenoso e 0,5ml para solo argiloso.

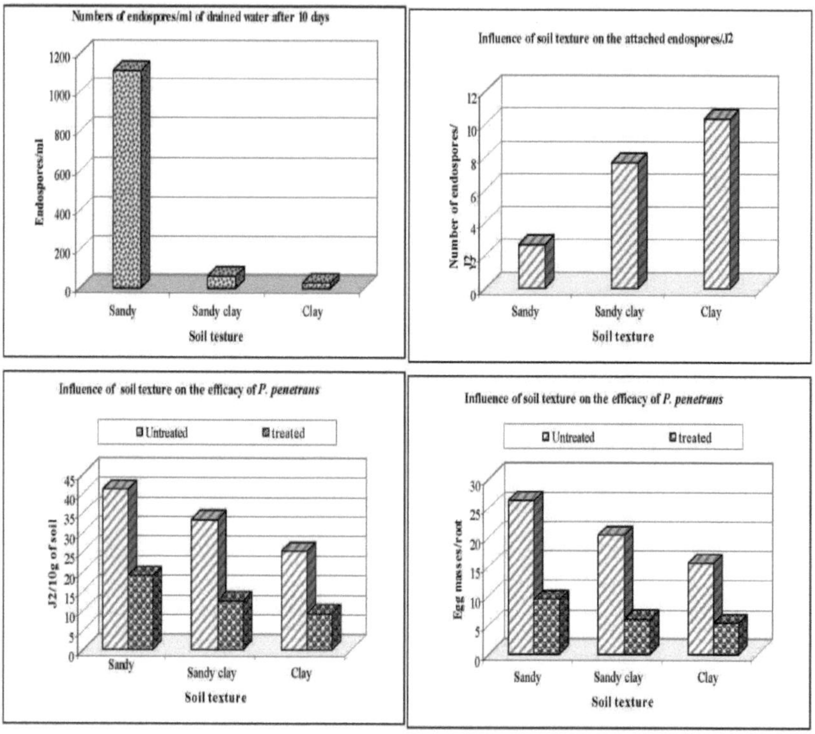

Fig. [19]: Influência de três tipos de texturas de solo (arenoso, argilo-arenoso e argiloso) na eficácia de *Pasteuria pentrans* como agente de biocontrolo para *controlar Meloidogyne incognita.*

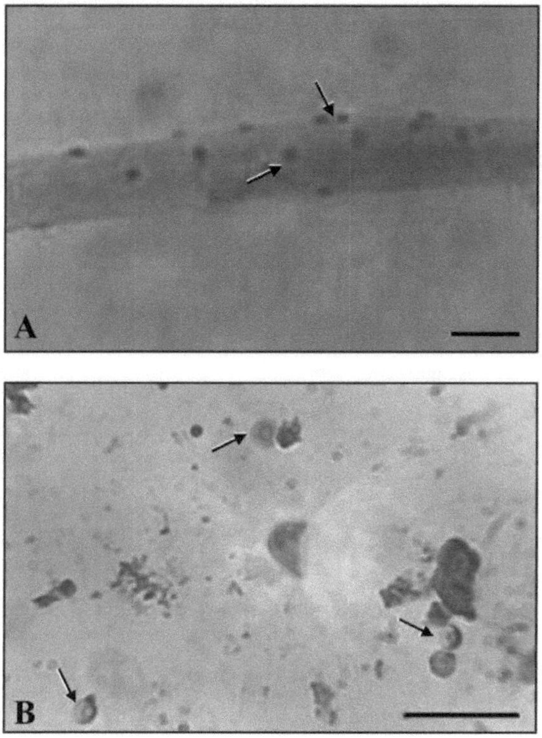

Fig.[20]: Os endósporos maduros de *Pasteuria penetrans*, [**A**]: Endosporos de *P. penetrans* (setas) fixados na cutícula do juvenil de segundo estádio (Bar=14pm), [**B**]: Endosporos lixiviados (setas) na água drenada (Bar=7.68pm).

[III-2-b]-Influência da temperatura nos endosporos de *Pasteuria penetrans* fixados na cutícula de J2 de *Meloidogyne incognita*.

Os dados do quadro [10] e ilustrados na figura [21] mostram a influência de 4 graus de temperatura (15, 21, 28 e 35°C) nos endosporos *de Pasteuria penetrans* fixados na cutícula de J_2 *M. incognita.* O inóculo de *P. penetrans* foi utilizado a $5x10^2$, $1x10^3$, $3x10^3$ e $6x10^3$. O número de endósporos fixados/J_2 aumentou com o aumento da densidade do inóculo de *P. penetrans*. Os números mais elevados de endósporos aderidos 8.00, 12.30, 18.60 e 14.60 foram observados a uma taxa de *P. penetrans* de $6x10^3$ nas 4 temperaturas diferentes 15,21,28 e 35°C.

Por outro lado, os endosporos aderentes foram afectados por diferentes graus de temperatura, os endosporos aderentes mais elevados 5,33, 11,0, 14,3 e 18,6 ocorreram a 28°C com o inóculo de *P. penetrans* $5x10^2$, $1x10^3$, $3x10^3$ e $6x10^3$, respetivamente. Mas o número de endosporos/J_2 ligados foi de 4,66, 9,33, 14,0 e 14,6 a 35°C com diferentes inoculações de *P. penetrans* $5x10^2$, $1x10^3$, $3x10^3$ e $6x10^3$, respetivamente. A fixação de endosporos *de P. penetrans* na cutícula de J_2 a 35°C foi menor do que a fixação de endosporos *de P. penetrans* na cutícula de J_2 a 28°C com diferentes inoculações de *P. penetrans*.

[III-2-c]- Influência de diferentes concentrações de endósporos de *Pasteuria penetrans* na fixação de juvenis de segundo estádio (J2) e na reprodução de *Meloidogyne incognita* em tomateiro.

Os dados do quadro [11] e da figura [22] mostram a influência das 4 concentrações diferentes de endósporos $1x10^2$, $2x10^3$, $3x10^4$ e $5x10^4$ endósporos/10ml na fixação e reprodução de J_2 *M. incognita* (J_2 /100g de solo, massas de ovos/sistema radicular e massas de ovos/ovos), bem como na densidade de endósporos no solo.

Os endósporos/J_2 foram aumentados com o aumento do inóculo de *P. penetrans* $1x10^2$, $2x10^3$, $3x10^4$ e $5x10^4$ endósporos/10 ml, sendo 2,66, 3,33, 5,33 e 13,3 respetivamente. Os números de J_2 /100g de solo (319,0, 201,6, 123,3, 100,6 e 68,00) diminuíram com o aumento do inóculo de endosporos da bactéria zero, $1x10^2$, $2x10^3$, $3x10^4$ e $5x10^4$ endosporos/10ml, respetivamente. Também os números de massas de ovos/sistema radicular (71,0, 30,0, 27,0, 18,6 e 7,33) e de ovos/massa de ovos (320,0, 268,0, 181,6, 133,0 e 83,0) diminuíram com o aumento dos endosporos de *P. penetrans* (zero, $1x10^2$, $2x10^3$, $3x10^4$ e $5x10^4$ endosporos/10ml, respetivamente).

Tabela [10]: Influência de quatro graus de temperatura na fixação de endósporos *de Pasteuria penetrans* em J_2 de *Meloidogyne incognita.*

Inóculo	**N.º de endospresas ligadas/J_2**			
	15 °C	**21 °C**	**28 °C**	**35 °C**
$5x10^2$	0.66^{a}	3.33^{a}	5.33^{a}	4.66^{a}
$1x10^3$	2.00^{ab}	6.33^{b}	11.0^{b}	9.33^{b}
$3x10^3$	4.33^{b}	9.60^{c}	14.3^{c}	14.0^{c}
$6x10^3$	8.00^{c}	12.3^{c}	18.6^{d}	14.6^{c}

-A dimensão média da amostra = 3,00

-Valores na mesma coluna seguidos de letras diferentes são significativamente diferentes de acordo com o teste de intervalo múltiplo de Duncan ($P = 0,05$)

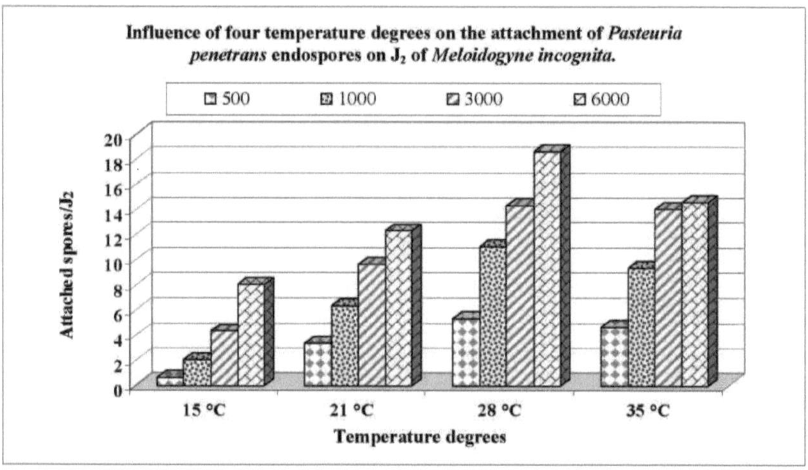

Fig. [21]: Influência dos graus de temperatura na fixação de endósporos *de Pasteuriapenetrans* em J_2 de *Meloidogyne incognita.*

Tabela [11]: Influência de diferentes concentrações de endósporos *de Pasteuria penetrans* na fixação à cutícula de juvenis de segundo estádio (J2) e na reprodução de *Meloidogyne incognita* em plantas de tomate.

Endosporos/lOml	Endosporos/Ji	Ji/lOOg de solo	Massas de ovos/sistema radicular	Ovo/ massa de ovo	Densidade de endosporos no solo*
Não tratado	0.00^{a}	319.0^{e}	71.0^{d}	320.0^{e}	0.00^{a}
$IxlO^{2}$	2.66^{b}	201.6^{d}	30.0^{c}	268.0^{d}	1.33^{ab}
$2xl0^{3}$	3.33^{b}	123.3^{c}	27.0^{c}	181.6^{C}	2.33^{bc}
$3xl0^{4}$	5.33^{c}	100.6^{b}	18.6^{b}	133.0^{b}	3.33^{c}
$5xl0^{4}$	13.3^{d}	68.00^{a}	7.33^{a}	83.00^{a}	7.00^{d}

-A dimensão média da amostra = 3,00

-Valores na mesma coluna seguidos de letras diferentes são significativamente diferentes de acordo com o teste de intervalo múltiplo de Duncan (P = 0,05) - * A densidade de endósporos no solo foi medida de acordo com o método descrito por **Sayre** e **Wergin,** 1977.

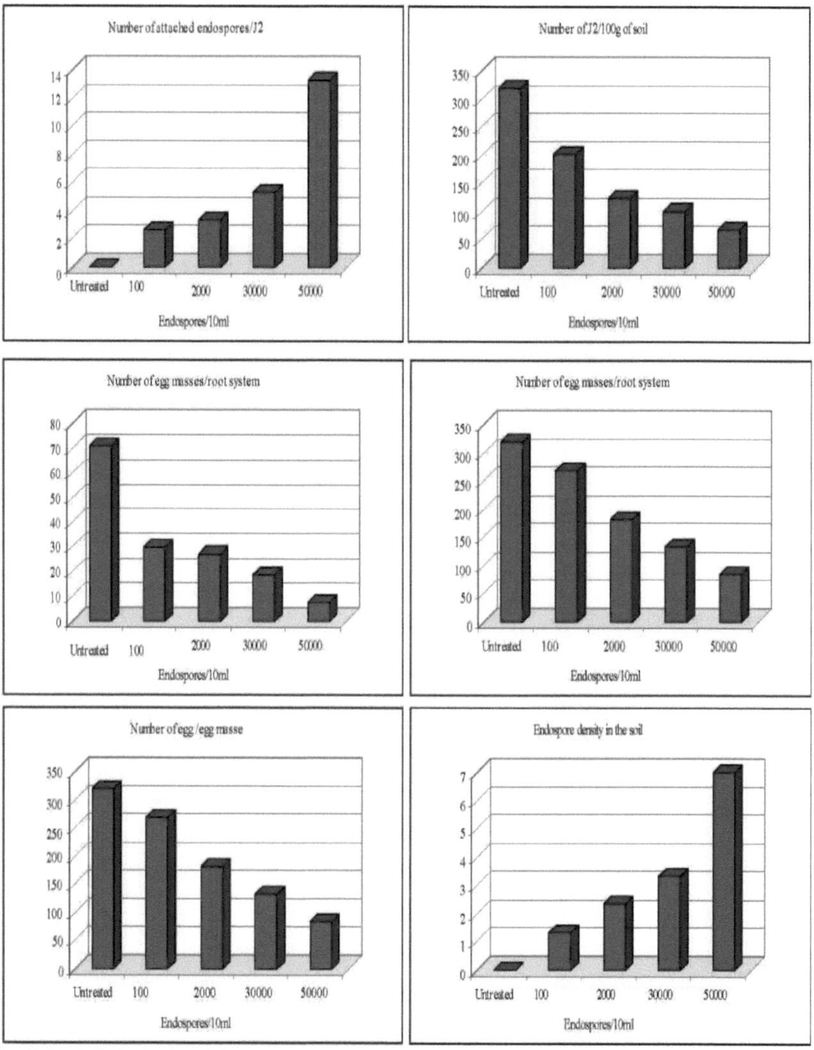

Fig. [22]: Influência das diferentes concentrações de endosporos de *Pasteuria penetrans* na fixação de juvenis de segundo estádio (J2) e na reprodução de *Meloidogyne incognita* em plantas de tomate.

Por outro lado, a densidade de endósporos no solo (endósporos/J2 de acordo com **Sayre** e **Wergin** 1977), que atingiu 1,33, 2,33, 3,33 e 7, aumentou com o aumento da concentração de endósporos $1x10^2$, $2x10^3$, $3x10^4$ e $5x10^4$ endósporos/10ml, respetivamente, o que indica a eficácia de *P.penetrans* na cultura seguinte.

[III-2-d]-Propagação de *Pasteuria penetrans in vitro*:

Pasteuria penetrans, a bactéria parasita obrigatória mais específica do nematoide parasita de plantas, sincronizou-se com seu hospedeiro nematoide (*M. incognita*). Os endosporos não móveis foram usados neste estudo para propagar *P. penetrans* usando a técnica de cultura de tecidos. A Fig.[23] mostra o fragmento de planta de tomateiro, que cresceu no meio MS e foi infetado por endosporos de *P. penetrans* que se encontram na cutícula de J_2 de *M. incognita*. Os endosporos conseguem germinar e penetrar na cutícula do J_2 de *M. incognita* com um tubo germinativo. Em seguida, a bactéria cresce vegetativamente no pseudoceloma de J_2 e J_3 formando micélio ramificado. Os esporângios em forma de clube desenvolvem-se e dão origem a endosporos que, por fim, dão origem à produção em massa de endosporos *P.penatrans*.

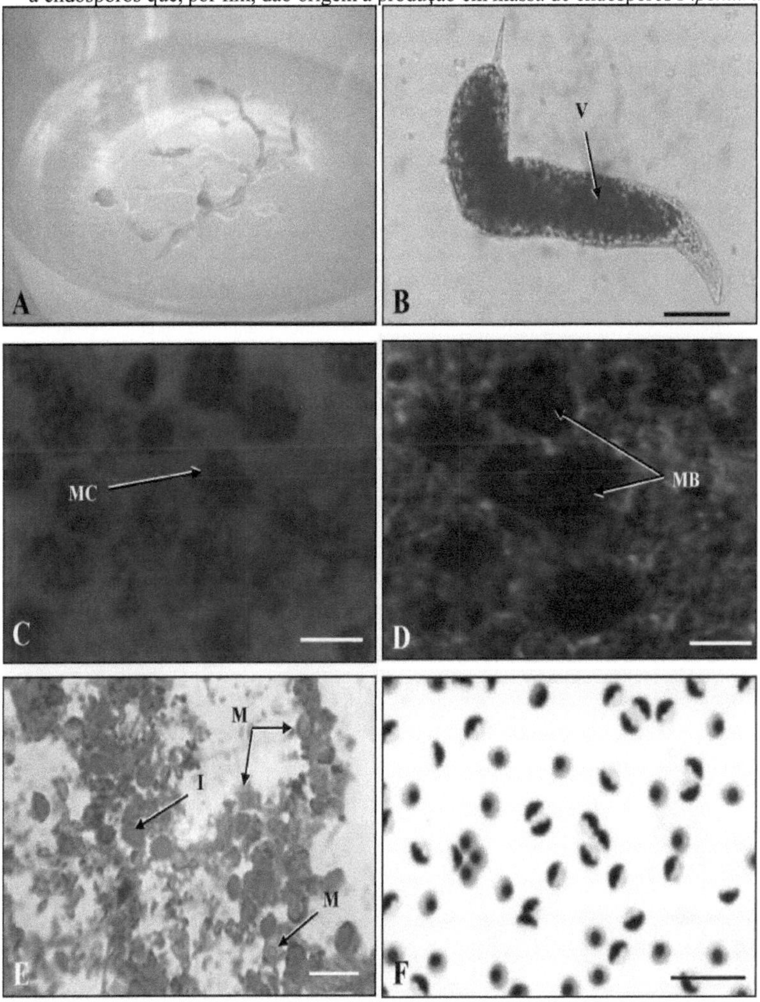

Fig.[23]: Propagação de *Pasteuria penetrans in vitro* parasitando *Meloidogyne incognita* cultivado em plantas de tomateiro pela técnica de cultura de tecidos.

A-: Fragmento de raiz de tomateiro infetado por J_2 *de M. incognita* cultivado em meio MS. **B**-(V): Crescimento vegetativo e talos vegetativos formados no pseudoceloma do juvenil de terceiro estádio (Bar =200pm). **C**-(MC): Colónias miceliais que pareciam estar ligadas por hifas intercalares tornaram-se aglomerados inchados (Bar = 20pm) **D**-(MB): Bola micelial (aglomerados inchados) a iniciar a esporulação. (Barra = 20pm) **E**-(I): Esporos imaturos (forma oval), (M): Esporos maduros (forma redonda) (Barra = 5pm). **F**- Esporos maduros de *P. penetrans* extraídos de fêmea madura infetada de *M. incognita* e purificados pela técnica de centrifugação e corados com azul de algodão (Barra = 7,6pm).

[III-3]-Efeito de rizobactérias promotoras do crescimento de plantas (PGPR) no crescimento do tomateiro e na reprodução de *Meloidogyne* sp.

Os dados apresentados na Tabela [12] e ilustrados graficamente nas figs. [24 e 25] mostram o efeito de seis isolados de PGPR (*Pseudomonas putida, P. florescens, Serratia marcences, Bacillus amyloliquefaciens*, *B. subtilis* e *B. cereus*) no crescimento do tomateiro (peso seco do rebento g/planta, altura da planta/cm, número de frutos/plantas e peso da produção/planta g) e na reprodução de nemátodos (J_2 /10g de solo, galhas/raiz, massa de ovos/raiz e massa de ovos/ovo).

O número mais elevado de peso seco de rebentos/g (43,00g) foi detectado na planta tratada com *S. marcences;* depois *P. putida* (34,33g), *B. amyloliquefaciens* (31,66g), *P. florescens* (30,0g), *B. subtilis* (29,0g), *B. cereus* (27,0g) e nemátodo sozinho (não tratado) 20g/planta. Enquanto o maior número de altura de planta foi observado quando a planta foi tratada com *S. marcences, P. florescens, P. putida, B. amyloliqufaciens* e *P. putida* 52,66-50,66-48 e 48 respetivamente. Não houve diferenças significativas entre os tratamentos anteriores, mas apenas diferenças significativas em comparação com a planta não tratada.

O maior número de frutos/planta foi observado quando as plantas foram tratadas com *S. marcences* (10,66), depois *B. amyloliqufaciens* (8,66), *P.putida* (8), *P.florescens* (8) e *B. cereus* (7,66). Não houve diferenças significativas entre os últimos 4 tratamentos, mas todas as diferenças foram significativas em comparação com a planta não tratada. O peso mais elevado da produção de plantas (g) foi observado com *S. marcences* (319,6g/planta) e o peso mais baixo da produção de plantas foi observado em plantas tratadas apenas com nemátodo (sem tratamento). Por outro lado, os números mais baixos de J_2 /10g de solo (78), galhas/raiz (24,33), massas de ovos/raiz (12,66) e ovos/massa de ovos (280,66) foram observados nas plantas tratadas com *S. marcences*.

Tabela [12]: Influência das rizobactérias promotoras de crescimento vegetal (PGPR) no desempenho das plantas de tomate e na reprodução de nemátodos.

Tratamento	Parâmetros de crescimento das plantas				Reprodução de *M. incognita*			
	Peso seco do rebento/g	Altura da planta/cm	Número de frutos/planta	Peso do rendimento/planta	U/lOg de solo	Galhas/raiz	Massas de ovos/raiz	Ovos/massas de ovos
Não tratado	20.33 [a]	30.00[a]	4.66[a]	139.3 [a]	164.6[e]	80.66[e]	54.66[e]	468.33 [e]
Pseudomonas putida	34.33 [d]	48.00[c]	8.00[bc]	283.0[c]	124.3[c]	50.66[c]	33.66[d]	381.33 [c]
Pseudomonas florescens	30.0[bcd]	50.66[c]	8.00[bc]	283.6[C]	105.0[b]	40.66[b]	18.66[b]	315.00[ab]
Serratia marcences	43.00[e]	52.66[c]	10.66[d]	319.6[d]	78.00[a]	24.33 [a]	12.66[a]	280.66[a]
Bacillus subtilis	29.00[bc]	42.00[b]	7.33[ab]	278.6[c]	122.3[c]	54.66[cd]	34.33 [d]	350.00[bc]
Bacillus amyloliquefaciens	31.66[cd]	48.00[c]	8.66[bc]	286.6[c]	103.6[b]	44.33 [b]	27.66[c]	296.66[a]
Bacillus cereus	27.00[b]	34.66[a]	7.66[b]	258.0[b]	132.0[d]	57.66 [d]	39.00 [d]	428.66[e]

-A dimensão média da amostra = 3,00

-Valores na mesma coluna seguidos de letras diferentes são significativamente diferentes de acordo com o teste de intervalo múltiplo de Duncan ($P = 0,05$)

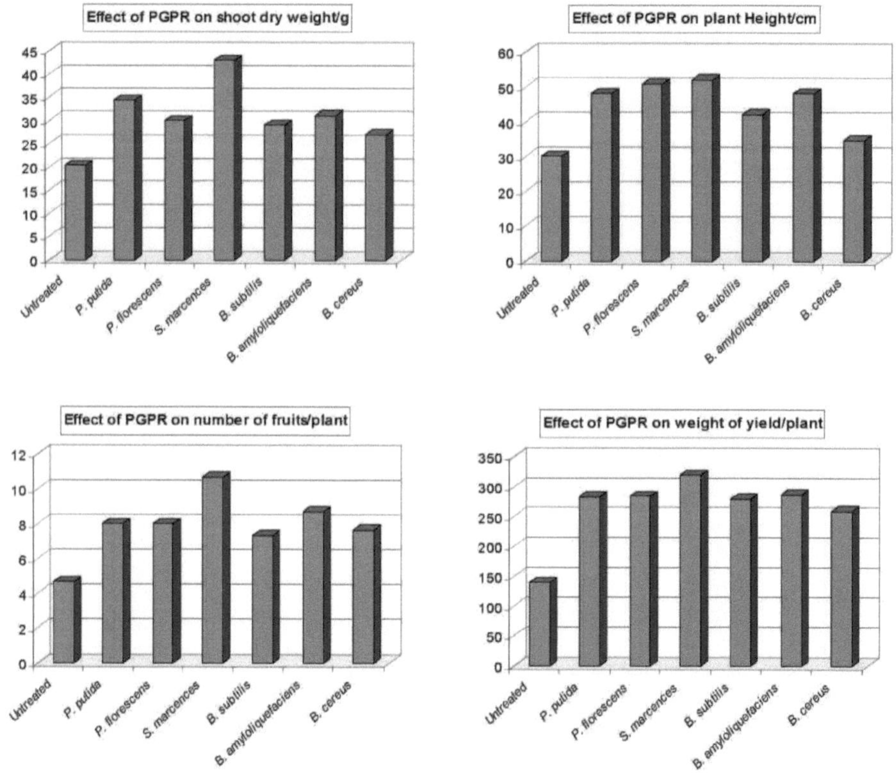

Fig. [24]: A influência das rizobactérias promotoras do crescimento das plantas (PGPR) no crescimento das plantas (peso seco do rebento/g, altura da planta/cm, número de frutos/planta e peso da produção/planta) na presença de infeção por *M. incognita*.

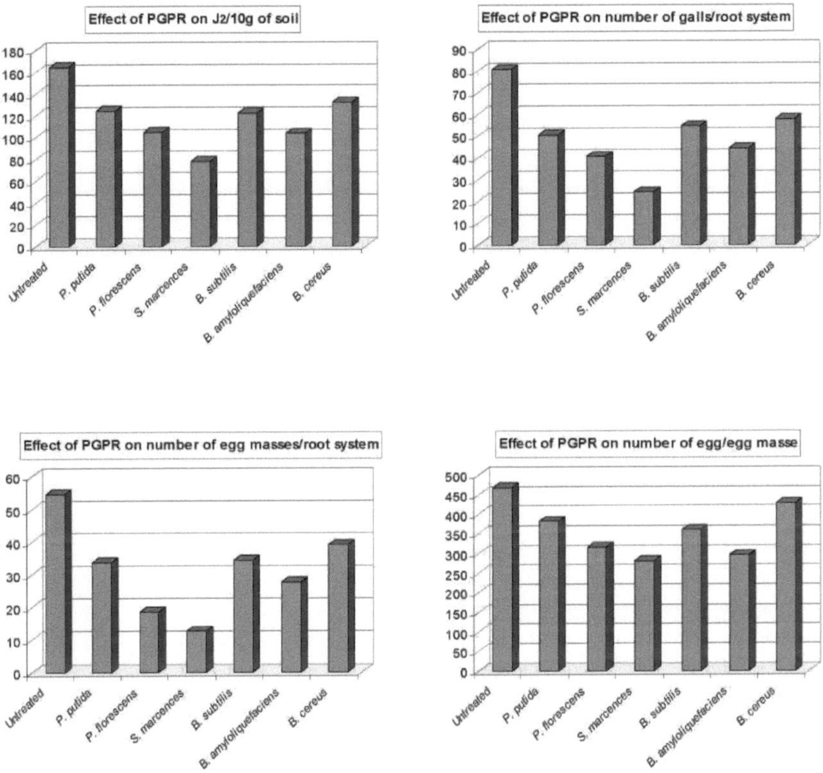

Fig. [25]: A influência das rizobactérias promotoras do crescimento de plantas (PGPR) *na* reprodução de *M. incognita* (VlOg do solo, galhas/sistema radicular, massa de ovos/sistema radicular e massa de ovos/massa de ovos).

[IV]-Efeito de todos os microrganismos anteriormente utilizados numa fórmula combinada como biocida para proteger as plantas da infeção por nemátodos e para estimular o crescimento das plantas.

Os dados apresentados no Quadro [13] e ilustrados graficamente na Fig.[26] mostram o papel de alguns isolados de bactérias e fungos na fórmula combinada como biocida (**Bio-STAM)** para proteger a planta da infeção por nemátodos e para estimular o crescimento da planta. Foram medidos os parâmetros de crescimento da planta (peso do rebento, peso da raiz e altura da planta), bem como a reprodução do nemátodo (J_2 /sistema radicular, galhas/sistema radicular e massa de ovos/sistema radicular).

O peso mais elevado de rebentos de plantas/g (64 g) foi detectado quando as plantas foram tratadas apenas com BioSTAM, seguido do controlo, depois nemátodo + **Bio-STAM** e apenas nemátodo (50, 38 e 20 g, respetivamente). O peso da raiz foi ponderado nos quatro tratamentos, mas sem diferenças significativas entre eles, como se segue: **Bio-STAM** 8 g, nemátodo + **Bio-STAM** 6,3 g, controlo 5 g e nemátodo sozinho 4 g. A altura mais elevada das plantas (41 cm) foi medida com **Bio-STAM**, seguida do controlo (35 cm), nemátodo + Bio-STAM (28 cm) e nemátodo sozinho (13 cm). Por outro lado, a reprodução do nemátodo foi calculada em dois tratamentos da seguinte forma:

1- Apenas na presença do nemátodo, o número de J_2 / sistema radicular foi de 5,3 10^3 J_2 , o número de galhas / sistema radicular foi de 18 galhas e o número de massas de ovos / sistema radicular foi de 13 massas de ovos.
2- Na presença de Bio-STAM, o número de J_2 /sistema radicular foi de $1,9*10^2$, galhas/sistema radicular foi de 4 e massas de ovos/sistema radicular foi de 1. O crescimento da planta na presença ou ausência de **Bio-STAM** com ou sem infeção por nemátodos foi mostrado na figura [27].

Tabela [13]: Efeito de alguns isolados de bactérias e fungos numa fórmula combinada como biocida para proteger as plantas da infeção por nemátodos e estimular o crescimento das plantas

Tratamento	Desempenho das instalações			Reprodução de nemátodos		
	Peso do rebento/g	Peso da raiz/g	Altura da planta/cm	Sistema J2/raiz	Galhas/sistema radicular	Massa de ovo/raiz
Controlo	50^{c}	5.0^{ab}	35^{bc}	-	-	-
Nemátodo	20^{a}	4.0^{a}	13^{a}	$5.3x10^{J}$	18.0	13.0
Nemátodo + **Bio-STAM**	38^{b}	6.3^{ab}	28^{b}	$1.9x10^{2}$	4.00	1.00
Bio-STAM	64^{d}	8.0^{b}	41^{c}	-	-	-

-A dimensão média da amostra = 3,00

-Valores na mesma coluna seguidos de letras diferentes são significativamente diferentes de acordo com o teste de intervalo múltiplo de Duncan ($P = 0{,}05$)

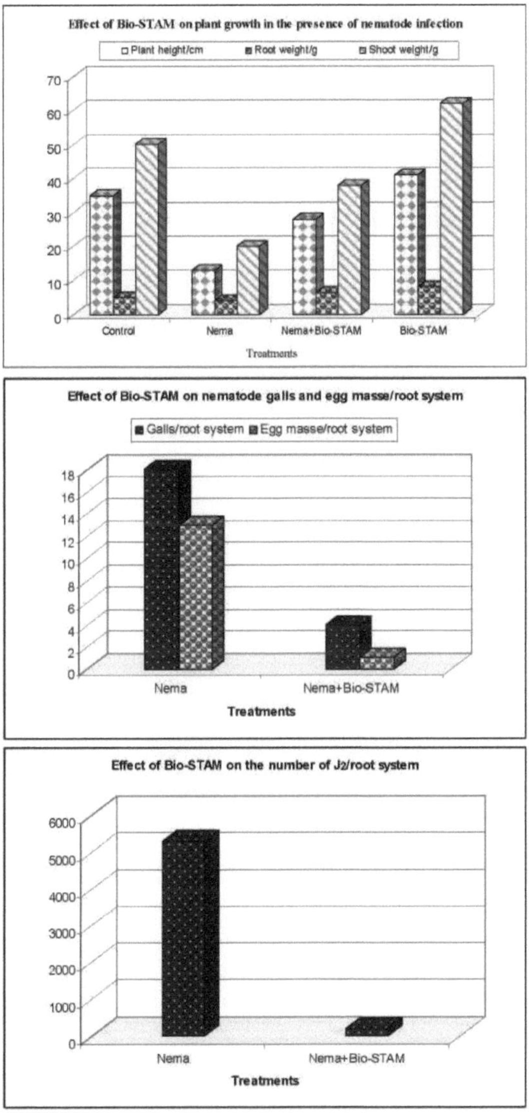

Fig. [26]: O efeito do **Bio-STAM** no crescimento das plantas e na reprodução dos nemátodos

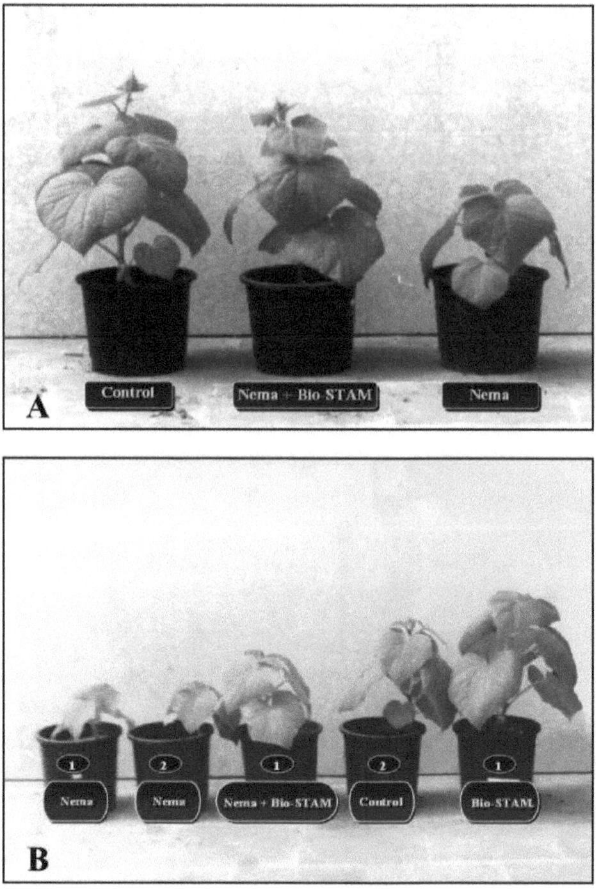

Fig. [27]: O efeito do **Bio-STAM** em plantas de pepino cultivadas em solo não infestado e infestado com *M. incognita.*

[**A**]: Efeito do **Bio-STAM** na infeção por nemátodos como agente de controlo biológico em comparação com a planta saudável (controlo).

[**B**]: Efeito do **Bio-STAM** no crescimento da planta na presença ou ausência de infeção por nemátodos como promotor de crescimento da planta em comparação com a planta de controlo.

Análises químicas do solo;

Análises químicas do solo utilizado em todas as experiências:

Propriedades químicas												
ECe,dSm^{-1}	pH	O.M%	Total N%	P ^{1}pm	**Catiões meq/L**				**Aniões meq/L**			
					Ca"2	Mg"2	Na"	K"	CO_3^{-2}	HCO_3^{-1}	Cl^-	$SO4^{-2}$
0.96	7.58	0.40	0.021	5.0	3.27	0.93	5.07	0.34	-	1.50	3.0	5.1

Propriedades físicas			
Distribuição do tamanho das partículas			**Grau de textura**
Areia %	Silte %	Argila %	Solo arenoso
97.7	1.26	1.04	

-[Catiões e aniões solúveis meq/L (inl:l extrato)].

Capítulo 5

DISCUSSÃO

No presente estudo, a espécie de nemátodo das galhas que infetou as plantas de tomate foi identificada como *Meloidogyne incognita*. Estudos anteriores efectuados (em solos das províncias de Ismailia e El-Sharkia) revelaram que esta espécie era dominante e infectava plantas de tomateiro, estando este resultado de acordo com **El- Hadidy** (1996), **Abd-El-Moneim** (2001) e **Baklawa** (2005). A morfologia do padrão perineal, utilizada para a identificação neste estudo, continua a ser um instrumento importante para a identificação das espécies pertencentes a este género, uma vez que foi utilizada por **Taylor** *et al.* (1955), **Taylor** e **Netscher** (1974) e **Eisenback** *etal.* (1981).

No presente estudo, os resultados foram confirmados utilizando a técnica PCR como uma técnica avançada para identificação e começaram a ser utilizados em várias investigações como as de **Zizlstra** *et al.*, (2000) e **Zouhar** *et al.*, (2000).

O isolamento e a identificação dos microrganismos (bactérias e fungos) associados às plantas de tomate foram efectuados neste estudo de acordo com **Ainsworth** *et al.*, (1973), **Cowan** e **Steel,** (1974), **Parry** *etal.*, (1983) **Trappe** e **Molina** (1986); **Stanley** *et al.*, (1989), **Morton** e **Benny** (1990) e **Walker** (1992). Estes microrganismos encontram-se naturalmente no solo egípcio, pelo que alguns deles foram selecionados para estudar os seus efeitos na reprodução dos nemátodos, bem como no crescimento das plantas. Vários estudos mencionaram os efeitos de alguns fungos e bactérias na reprodução de nemátodos e no crescimento das plantas, por exemplo **Aboul-Eid** *et al.*, (1997), **Siddiqui** e **Mahmood** (1998), **Pandey** *et al.*, (1999), **Schwob** *et al.*, (1999), **Abd-El- Moneim** (2001), **Siddiqui** e **Shaukat** (2002) e **El-Nagdi** e **Yossef** (2004).

No presente estudo, os resultados da gestão do nemátodo parasita das plantas através da utilização de fungos micorrízicos (*Glomus* sp.) indicaram que as plântulas de tomate, que foram inoculadas com fungos AM, melhoraram o crescimento das plantas através do aumento do peso seco dos rebentos e da altura das plantas.

Por outro lado, as plantas que foram inoculadas com o fungo AM suprimiram a população de nemátodos, como o número de J_2 /solo, massas de ovos/planta e galhas/planta, em comparação com as plantas inoculadas apenas com o nemátodo. Estes resultados estão de acordo com **Alraddad** (1995); **Jaizme-Vega** *et al.*, (1999); **Abd-El-Moneim** (2001) e **Annenie** *etal.*, (2003).

Os resultados da análise de proteínas obtidas de folhas de tomateiro, realizada em quatro tratamentos: planta com *Glomus* sp., planta com infeção por nematoide, planta com *Glomus* sp. e infeção por nematoide e controle (planta livre de infeção por nematoide ou *Glomus* sp.) indicaram a presença de diferentes bandas em todos os tratamentos. O peso molecular das bandas proteicas foi registado nas plantas tratadas apenas com AM, duas delas (198,129 kDa) eram específicas para a infeção pelo fungo AM (*Glomus* sp.). Na presença de infeção por nemátodes, foram recodificadas nove bandas proteicas, quer na presença de AM, quer na presença de nemátodes isoladamente. A banda específica (138kDa) apareceu apenas no caso de nemátodo isolado. Enquanto na presença do fungo AM a banda (50 kDa) estava presente, ao mesmo tempo as duas bandas específicas que apareciam apenas no fungo AM (198, 129 kDa) desapareceram. Sugere-se que a presença ou ausência de algumas bandas proteicas pode desempenhar um papel importante no efeito do AM na reprodução do nemátodo e no crescimento da planta. Um estudo anterior do autor **Abd-El-Moneim** (2001) mencionou um resultado semelhante.

No presente estudo, foi estudado o efeito de dois níveis de fertilização com P e infeção por nematóides na % de colonização radicular por AM. A taxa de fertilização de 60pg p/g de solo foi mais adequada para a colonização de AM nas raízes das plantas, este resultado concorda com os de **Carling** *etal.*, (1996), **Jaizme Vega** *etal.*, (1997), **Rivas-Platero** *etal.*, (1998) e **Abd-El-Moneim** (2001). Por outro lado, a colonização radicular e a esporulação do AM diminuíram na presença de infeção por nemátodos. Este resultado está de acordo com os resultados de **Abd-El-Moneim** (2001) e **Talavera** *etal.* (2001).

A densidade de inóculo de AM 1000 esporos/planta foi mais adequada para proteger a raiz da planta da infeção por nemátodes, uma vez que a população de nemátodes, quer no interior da raiz quer no solo, atingiu o seu mínimo neste tratamento. Este resultado está de acordo com **Andrade** (1998), **Pandey** *et al.*, (1999) e **Talavera** *et al.*, (2001). Os esporos de AM formam-se normalmente no solo, mas nos ratos de elevado inóculo 1000 esporos/planta, alguns esporos formaram-se no tecido radicular. Isso pode dar ao tomateiro maior proteção contra a infeção por nemátodos; resultados semelhantes foram obtidos por **Nagesh** *et al.*, (1999) e **INVAM** (2003).

A inoculação de plântulas de tomateiro em viveiro por esporos AM, deu ao tomateiro proteção contra o ataque de nemátodos. Esse resultado pode ser devido à alta taxa de colonização radicular do fungo AM (*Glomus* sp.) nas raízes do tomateiro. **Jaizme-Vega** *et al.*, (1997), **Habte** *et al.*, (1999), **Nagesh** (1999), **Abd-El-Moneim** (2001) e **Talavera** *etal.*, (2001) chegaram à mesma conclusão.

O fungo *Catenaria* sp. foi registado pela primeira vez nos ovos de *Meloidogyne incognita* como fungo parasita de ovos. Embora tenha sido registado em muitas espécies pertencentes a diferentes géneros de nemátodos.

O efeito dos oósporos do fungo *Catenaria* sp. na eclosão dos ovos do nemátodo das galhas radiculares e a percentagem máxima de mortalidade dos ovos foi obtida utilizando 500 oósporos/50 ml a 10°C. O resultado indicou que a eclosão dos ovos do nemátodo diminuiu com o aumento da densidade do inóculo do fungo, ao mesmo tempo que a eficácia do fungo diminuiu com o aumento dos graus de temperatura. Ao mesmo tempo, a mortalidade dos ovos causada pelo fungo aumentou com o aumento do inóculo do fungo e a parasitagem de *Catenaria* sp. nos ovos de nemátodos causou o consumo dos ovos. Resultados semelhantes foram obtidos por **Esser** e **Schubert** (1983) e **Platzer** e **Platzer** (1999). Recomenda-se que o fungo possa ser utilizado em condições de frio e isso explica o facto de este fungo não ter efeito em condições subtropicais e tropicais. Isso também explica o facto de este fungo ter uma ocorrência traseira no solo. Uma vez que o nemátodo do nó da raiz é um grande problema nos países tropicais e subtropicais.

O Bacillus thuringiensis (*Bt.*) foi utilizado em quatro formas [*Bt.* exotoxina, *Bt.* endotoxina, *Bt.* esporos e *Bt.* células vegetativas] contra os nemátodos dos nós radiculares; verificou-se que o melhor efeito foi obtido quando *a Bt.* Exotoxin foi utilizado após 2 dias. Uma vez que deu o número mais baixo de J_2 /g de raiz de tomate e J_2 /100g de solo fluiu pelo mesmo tratamento após 4 dias. Também se observou que as células vegetativas *Bt.* produziram o melhor efeito no final desta experiência (após 35 dias de infeção por nemátodo). Este resultado pode ser explicado da seguinte forma: A exotoxina *de Bt.* não teve efeitos permanentes até 4 dias após a sua formação pelas células bacterianas. Mas as células vegetativas de Bt. tinham a capacidade de produzir exotoxina durante um longo período de tempo quando as células bacterianas cresciam com sucesso no solo, assim as células vegetativas *de Bt.* produziam continuamente exotoxina que tinha um efeito permanente sobre o J_2 no solo. Este resultado é a mesma linha de **Ignoffo** e **Dropkin** (1977), **Medina** *etal.*, (1990), **Chahal** e **Chahal** (1994), **Osman** *et al.*, (1998), **Carneio** (1999) e **El-Nagdi** e **Yossef** (2004). Mencionaram que a toxina termoestável (exotoxina) de *Bt.* tinha a capacidade de reduzir a população de nemátodos a níveis sem importância económica, podendo a exotoxina ser utilizada como nematocida. Por outro lado, este resultado discorda de **Dividas** e **Rehberge** (1992), quando testaram duas formulações de preparação de exotoxina de *B. thuringiensis* contra *M. incognita*, aplicando-as em sementes de pepino; não encontraram qualquer atividade nematicida ou qualquer efeito na eclosão de ovos.

No que diz respeito ao modo de ação da exotoxina *de Bt.* em J2 de *Meloidogyne incognita*, sugere-se que a exotoxina *de Bt.* teve a capacidade de inibir as funções dos órgãos quimiorreceptores que se localizam na frente da região da cabeça do J_2 .

Os resultados do efeito da textura do solo nos endosporos *de Pasteuria penetrans* revelaram que o solo argiloso era o melhor e mais adequado para a sua permanência e atividade. Este resultado está de acordo com **Dabire** e **Mateille** (2004). Mencionaram que os esporos *de P. penetrans* foram lixiviados pelo fluxo de água no solo arenoso e na argila arenosa mais do que no solo argiloso. Enquanto a influência dos graus de temperatura na fixação de endosporos de *P. penetrans* na cutícula de J_2 revelou que os endosporos de *P. penetrans* mais fixados ocorreram a 28°C. Este resultado está de acordo com **Hatz** e **Dickson** (1992) e **Serracin** *et al.*, (1997). Verificaram que os endósporos maduros de *P. penetrans* foram detectados a 28-35°C e que o estádio de desenvolvimento específico era diferente para cada temperatura, enquanto que *P. penetrans* se estabilizava a 21 e 28°C.

No que diz respeito ao efeito da densidade de endósporos no solo sobre a eficácia de *P. penetrans* como agente de biocontrolo, o resultado mostrou que a maior fixação de endósporos *de P. penetrans* à cutícula de J_2 de *M. incognita* ocorreu quando tratada pela primeira vez (não menos de 7 endósporos/J_2), este tratamento proporcionou o melhor controlo do nemátodo das galhas radiculares (*M. incognita)* na geração seguinte e que deu uma elevada permanência de endósporos da bactéria no solo. Este resultado foi obtido por **Stirling** e **Mankau** (1978), **Stirling** (1984) e **Davies** *etal.* (1988).

Foram utilizados endosporos de *Pasteuria penetrans* para propagar este bio-agente utilizando a técnica de cultura de tecidos. Os endosporos de *P. penetrans* foram depositados na cutícula de J_2 de *Meloidogyne incognita* para germinar e penetrar no pseudoceloma da cutícula com um tubo germinativo. Em seguida, a bactéria cresceu vegetativamente nos J_2 e J_3 formando micélio ramificado. esporângios em forma de clube desenvolveram-se e deram origem a endosporos, que eventualmente deram a produção em massa de endosporos a *P. penetrans*. Resultados semelhantes foram obtidos por **Sayre** e **Wergin** (1977); **Page** e **Bridge** (1985) e **Hatz** e **Dickson** (1992). Referiram que os endosporos de *P. penetrans* eram transportados pelo nemátodo J_2 , que germinam e penetram na cutícula do nemátodo com um tubo germinativo.

As rizobactérias promotoras do crescimento das plantas (PGPR) reduziram a população de nemátodos e a aplicação destas bactérias proporcionou um crescimento das plantas altamente promissor. Vários investigadores mencionaram que as PGPR desempenham um papel vital no aumento da indução de resistência sistémica (ISR) contra a infeção por nemátodos parasitas de plantas. Este resultado está de acordo com **siddiqui** e **Mohmood** (1999), **Ramamoorthy** *et al.*, (2001), **Jeun** *etal.*, (2004) e **Siddiqui** (2004).

A utilização da fórmula biocida (Bio-STAM), nomeada pelo autor, deu resultados promissores na redução da população do nemátodo das galhas (*Meloidogyne incognita)* e aumentou o desempenho das plantas, como a altura e o peso seco. Esta fórmula é constituída por uma mistura de diferentes isolados de bactérias e fungos. O efeito desta fórmula biocida pode dever-se ao seu efeito na planta através do aumento da resistência sistémica induzida (ISR), tal como mencionado anteriormente por vários investigadores como **Siddiqui** e **Mahmmod** (1998), **Rao** e **Gowen** (1998), **Siddiqui** e **Shaukat** (2002), **Talavera** *etal.*, (2002), **Annemie** *etal.*, (2003) e **Jeun** *etal.*, (2004).

RESUMO

Um dos maiores obstáculos à produção de culturas agrícolas no mundo são os danos causados por nemátodos parasitas de plantas destrutivos, especialmente o *nemátodo* das galhas, *Meloidogyne* spp. O nemátodo das galhas tem uma grande importância económica no Egito, porque a maioria das culturas hortícolas, ornamentais, de campo e frutícolas económicas são susceptíveis a uma ou mais espécies de *Meloidogyne*, especialmente nos solos arenosos e nas terras recentemente recuperadas. O objetivo deste trabalho é uma tentativa de gerir o nemátodo das galhas radiculares utilizando alguns microrganismos ou os seus produtos para manter o nosso ambiente livre da poluição causada pela utilização de nematicidas, que têm efeitos perigosos para a saúde humana e o equilíbrio do ambiente. Os resultados deste trabalho podem ser resumidos da seguinte forma:

1- As espécies do nemátodo das galhas radiculares, isoladas de raízes de tomate infectadas, colhidas nas províncias de Ismailia e El-Sharkia, foram identificadas como *Meloidogyne incognita* utilizando a morfologia do padrão perineal e o resultado foi confirmado utilizando a técnica PCR.

2- O isolamento de fungos micorrízicos arbusculares (FMA) recolhidos de plantas de alfafa foi identificado como *Glomus* sp. e cultivado em cultura pura na raiz de *Cynodon* sp.

3- O isolamento e a purificação dos fungos parasitas de ovos isolados de ovos de nemátodos foram identificados como *Catenaria* sp.

4- Os isolados de bactérias que foram isolados da rizosfera foram identificados como *Bacillus thuringiensis, B. amyloliquefaciens, B. subtilis, B. cereus, Pseudomonas putida, P. florescens* e *Serratia marcenses*. Enquanto *Pasteuria penetrans* foi isolada de fêmeas infectadas de *M. incognita,* e propagada usando a técnica de cultura de tecidos para preparar o inóculo usado neste estudo.

5- O efeito dos fungos micorrízicos arbusculares (FMA) no crescimento das plantas de tomate e na reprodução de *Meloidogyne incognita* foi estudado em cinco níveis de inóculo de FMA (zero, 400, 600, 800 e 1000 esporos/planta) na presença de dois níveis de fertilização com fósforo (zero, 60pg P/g de solo), bem como níveis de infeção por nemátodos (zero e 450 J_2 /planta). Os melhores efeitos sobre o desempenho da planta (peso seco do rebento, peso fresco da raiz e altura da planta) foram observados com um inóculo de FMA de 1000 esporos/planta e 60 g P/g de solo. Este inóculo protegeu as raízes do tomateiro da infeção por nemátodos através da colonização maciça de FMA no interior da raiz, o que inibiu a infeção por nemátodos. Este resultado reflectiu-se na população de nemátodos (J /lOOcm$_2^3$, massa de ovos/sistema radicular, galhas/sistema radicular e ovos/massa de ovos) que diminuiu na presença de FMA. Além disso, o efeito do FMA nas plantas de tomate foi claramente observado na análise comparativa de bandas proteicas SDS-PAGE entre folhas de tomate saudáveis e infectadas, que revelou um grande número de bandas proteicas na presença de FMA do que apenas na presença de infeção por nemátodos.

6- O fungo parasita de ovos *Catenaria* sp. foi utilizado para controlar o nemátodo do nó da raiz (*M. incognita)*. A% de mortalidade de ovos causada pelo fungo *Caternaria* sp. foi aumentada com o aumento do inóculo do fungo. O fungo parasita e cresce dentro da casca do ovo, causando o consumo de todo o componente do ovo. A eficácia do fungo *Catenaria* sp. foi aumentada com a diminuição dos graus de temperatura (lO°C).

7- A influência de *Bacillus thuringiensis* (*Bt.*) nas densidades populacionais do nemátodo das galhas (*M. incognita)* que infectam plantas de tomate foi estudada através da adição de exotoxina *Bt.*, endotoxina Bt., esporos *Bt.* e células vegetativas *Bt.* A exotoxina *de Bt.* deu o melhor resultado para o controlo de *M. incognita.* O modo de ação de *Bt.* no segundo estágio (E) de *M. incognita* pode ser devido ao efeito externo da exotoxina *de Bt.* no corpo de J2, especialmente na região da cabeça (órgãos quimiorreceptores).

8- Foi estudada a influência de três texturas de solo (arenoso, argilo-arenoso e argiloso) na atividade e permanência de endósporos de *Pasteuria penetrans* no solo e os resultados mostraram que o solo argiloso foi o melhor para a atividade e permanência de endósporos.

9-A influência da temperatura na fixação de endosporos de *P. penetrans* na cutícula do nemátodo foi efectuada. O maior número de endosporos fixados ocorreu a 28°C, independentemente da densidade do inóculo.

10- Foi estudada a influência das diferentes concentrações de endósporos *de P. penetrans* na fixação e reprodução de juvenis de segundo estádio (J_2) de *Meloidogyne incognita* no tomateiro. Os endósporos ligados/J_2 aumentaram com o aumento do inóculo de esporos e da densidade de endósporos no solo.

11- A técnica de cultura de tecidos foi utilizada para a propagação de endósporos de *P. penetrans in vitro* através da parasitação de endósporos em J_2 de *M. incognita* cultivados na raiz de plantas de tomate que crescem em meio MS.

12- O efeito de rizobactérias promotoras do crescimento de plantas (PGPR) no crescimento de plantas de tomate na presença ou ausência de infeção por nemátodos foi estudado para determinar o papel das PGPR na gestão de *M. incognita*, promovendo o crescimento e formando alguma substância que diminuiu os danos dos nemátodos na planta infetada. O melhor desempenho da planta foi observado na planta tratada com *Serratia marcences* seguida por *Pseudomonas putida* e *Bacillus amyloliquefaciens* como reprodução do nematoide.

13- Foi formada uma fórmula de combinação microbiana a partir de uma mistura de alguns isolados bacterianos e fúngicos na presença de uma substância transportadora; a fórmula combinada recebeu o nome de **Bio-STAM** (patente pendente) e foi testada no desempenho das plantas de pepino e na reprodução de nemátodos. O peso mais elevado de rebentos/g foi detectado na planta tratada apenas com **Bio-STAM**, seguido do controlo, do nemátodo com **Bio-STAM** e do nemátodo. Por outro lado, a reprodução do nemátodo foi calculada na presença ou ausência de **Bio-STAM**. O menor número de população de nemátodes foi observado nas plantas de pepino tratadas com **Bio-STAM**.

LITERATURA CITADA

Abd-El-Moneim, T.S. 2001. Utilização de alguns fungos e bactérias para o controlo biológico de nemátodos parasitas de plantas. Tese de Mestrado, Faculdade de Agricultura, Universidade do Canal do Suez.

Aboul-Eid, H.Z.; N.A. Abdel-Bari; H.H. Ameen, e E.A. Noweer. 1997. A identidade morfológica de doze fungos antagonistas de nemátodos e da bactéria *Pasteuria penetrans* isolados dos solos da região de El-Mansouria (Giza, Egito). *EgyptianJoumalofAgronematology* **1**(1): 59-76.

Abrantes, I.M. e N. Vovlas. 1988. Uma nota sobre o parasitismo dos fitonematóides *Meloidogyne* sp. e *Heteroderafici* por *Pasteuriapenetrans. Canadian Journal of Zoology*. **66**:2852-2854.

Ahmed, R. e S.R. Gowen. 1991. Estudos sobre a infeção de *Meloidogyne* spp. com isolados de Pasteuriapenetrans. *NematologiaMediterranea*. **19**: 229-233.

Ainsworth, G.C., F.K. Sparrow, e A.S. Sussman, 1973. The fungi, an advanced treatise. IVB: Uma revisão taxonómica com chaves: Basidiomycetes e fungos inferiores. Imprensa académica, Nova Iorque

Alraddad, A.M. 1995. Interação de *Glomus mosseae* e *Paecilomyces lilacinus* em *Meloidogynejavanica* de tomate. *Mycorrhiza* **5**:233-236.

Annemie, E.; D. Stephane, e W. Dirk. 2003. Utilização de culturas de órgãos de raiz para investigar a interação entre *Glomus intraradices* e *Pratylenchus coffeae. Applied and EnvironmentalMicrobiology*. **69**(7):4308-4311.

Baklawa, M.H. 2005. Estudos patológicos e biológicos sobre nemátodos que infectam árvores de fruto. Tese de Mestrado, Faculdade de Agricultura, Universidade do Canal do Suez.

Birchfield, W. 1960. Uma nova espécie de *Catenaria* parasita de nematóides da *cana-de-açúcar. Mycopathologica etMycologicaApplicata.* **13**:331-338.

Bird, A.F. 1986. A influência do actinomiceto, *Pasteuria penetrans,* na relação parasita-hospedeiro do nemátodo parasita de plantas, *Meloidogyne javanica. Parasitology*. **93**: 571-580.

Bird, A.F. e P.G. Brisbane. 1988. A influência de *Pasteuria penetrans* em solos de campo na reprodução de nemátodos das galhas. *Revue of Nématologica*. **11**(1): 75-31

Braun, S. 2000. Produção de insecticidas *de Bacillus thuringiensis* para utilizações experimentais.49-72 *In*: Navon, A. e K.R. S. Ascher, (Eds.) Bioassays of Entomopathogenic Microbes and Nematodes. CABI, Londres, Reino Unido.

Brown, S.M. e D. Nordmeyer. 1985. Synergistic reduction in root galling by *Meloidogyne javanica* with *Pasteuria penetrans* and nematicides. *Revue de Nematologie* .**8**:285-286.

Brown, S.M. e G.C. Smart. 1985. Penetração da raiz por juvenis *de Meloidogyne incognita* infectados com *Bacilluspenetrans. Journal ofNematology*. **17**:123-126.

Brown, S.M., e G.C. Smart. 1984. Fixação de *Bacillus penetrans* em *Meloidogyne incognita. Nematropica.* **14**:171-172.

Brown, S.M.; J.L. Kepner, e G.C. Smart. 1985. Aumento do rendimento das culturas após a aplicação de *Bacillus penetrans* em parcelas de campo infestadas com *Meloidogyne incognita. SoilBiologyandBiochemistry* **17**:483-486.

Brundrett M; L. Melville, e L. Peterson. 1994. Practical methods in mycorrhizal research. mycologue publications Ltd. Waterloo.

Brundrett, M.; N. Bougher; B. Dell; T. Grove e N. Malajczuk. 1996. Working with Mycorrhizae in Forestry and Agriculture. Australian Center for International Agricultural Research, Camberra. p. 374.

Brundrett, M.; Y. Piche e R.L. Peterson. 1984. Um novo método para observar a morfologia das micorrizas vesiculares-arbustivas. *Canadian Journal of Botany*. **62:** 2128-2134.

Carling, DE; RW. Roncadori, e RS. Hussey. 1996. Interações de micorrizas arbusculares, *Meloidogyne arenaria,* e fertilização com fósforo no amendoim. *Mycorrhiza*. **6**(1): 9-13.

Carneiro, R.M.; I. S. De Souza e L. C. Belarmino. 1999. Atividade nematicida de cepas de *Bacillus* spp. sobre juvenis de *Meloidogyne javanica.* Resumo *Nematológico*, **68**:143

Chahal, P.P. e V. P. Chahal. 1994. Efeito de *Bacillus thuringiensis* sobre os ovos e as massas de *Meloidogyne incognita*. Inter. Simpósio Afor-Asian Nematology, Minufiya Univ. Shebin El Kom, Egito Abst.52.

Channer, A.G. e S.R. Gowen. 1988. Preliminary studies on the potential of *Pasteuria penetrans* to control *Meloidogyne* species. Conferência de Brighton sobre Proteção das Culturas - Pragas e Doenças. 1209-1214.

Chen, S.Y.; D.W. Dickson, e E.B. Whitty. 1994. Response of *Meloidogyne* spp. to *Pasteuria penetrans,* fungi, and cultural practices in tobacco. *Journal of Nematology*. **26**:620-625.

Chen, Z.X.; D.W. Dickson e T.E. Hewlett. 1996. Quantificação das concentrações de endosporos de *Pasteuria penetrans* em material de raiz de tomate. *Journal of Nematology*. **28**: 50-55.

Chen, Z.X.; D.W. Dickson; D.J. Mitchell; R. McSorley e T.E. Hewlett. 1997. Mecanismos de supressão de *Meloidogyne arenaria* raça 1 por *Pasteuria penetrans*. *JournalofNematology*. **29**(1): 1-8.

Cobb, N.A. 1906. Fungus maladies of the sugar cane, with notes on associated insects and nematodes.

Hawaii Sugar Plant. Assoc. Exp. Stn., Div. Pathol. Physiol. Bull. **5**:163-177.

Cowan, S.T. e **K.J. Steel. 1974**. Manual for identification of medical bacteria. Cambridge University Press 2nd edition.

Dabire, K.R. e **T. Mateille. 2004**. A textura do solo e a irrigação influenciam o transporte e o desenvolvimento de *Pasteuria penetrans*, um parasita bacteriano de nemátodos das galhas. *SoilBiologyandBiochemistry*. **36**(3):539-543.

Daudi, A.T.; A.G. Chauner, R. Ahmed, e **S.R. Gowen. 1990**. *Pasteuria penetrans* como agente biológico de *Meloidogyne javanica* no campo do Malawi e em microparcelas no Paquistão. Brighton Crop Protection Conference-Pests and Diseases.253-257.

Davies, K.G.; P. Afolabi, e **P.S. O'Shea. 1996**. Adesão de *Pasteuria penetrans* à cutícula de nemátodos das galhas (*Meloidogyne* spp.) inibida pela fibronecção: um estudo da interação eletrostática e hidrofóbica. *Parasitology*. **112**:553-559.

Davies, K.G.; V. Laird e **B.R. Kerry. 1991**. The motility, development and infection of *Meloidogyne incognita* encumbered with spores of obligate hyperparasite *Pasteuriapenetrans. Revue de Nematologie.* **14**:611-8.

Davies, K.G; B. Kerry, e **C.A. Flynn. 1988**. Observations on the pathogenicity of *Pasteuria penetrans,* a parasite of root-not nematodes. *Annals of Applied Biology*. **112**:491-501.

Delafield, F.P.; H.J. Somerville, e **S.C. Rittenberg. 1968**. Homologia imunológica entre proteínas de cristal e esporos de *Bacillus thuringiensis. Journal of Bacteriology* **96**:713-720.

Devidas, P. e **L.A. Rehberger. 1992**. The effect of exotoxin thuringiensis from *Bacillus thuringiensis* on *Meloidogyne incognita* and *Caenorhabditis elegans. PlantandSoil* **145**(1): 115-120.

Dickson, D.W.; M. Oostendorp; R. Giblin-Davis e **D.J. Mitchell. 1994**. Controlo de nemátodos parasitas de plantas por antagonistas biológicos. Pp. 575-601 *In* D. Rosen, F.D. Bennett, and J.L. Capinera, (Eds.) Pest management in the subtropics. Biological control-A. Perspetiva da Flórida. Andover, Reino Unido: Intercept.

Diedhiou, P.M.; J. Hallmann; E.C. Oerke e **H.W. Dehne. 2003**. Efeitos de fungos micorrízicos arbusculares e de um *Fusarium oxysporum* não patogénico na infestação de *Meloidogyne incognita* no tomateiro. *Mycorrhiza.* **13**(4):199-204.

Duponnois, R.; H. Founoune; A. Ba; C. Plenchette; S. El-Jaafari; M. Neyra, e **M. Ducousso. 2000**. Efeito da ectomicorrização da *Acacia holosericea* no crescimento das plantas e no nemátodo das galhas *Meloidogyne javanica. Anais de Ciências Florestais* **57**(4):345-350.

Eisenback, J.D.; H. Hirschmann; J.N. Sasser, e **A.C. Triantaphyllou. 1981**. A guide to the four most common species of root-knot nematodes (*Meloidogyne* spp.) with a pictorial key. Raleigh: Int. *Meloidogyne* Proj. Pp.48.

El-Hadidy, Abeer E. 1996. Estudos sobre o controlo biológico de nemátodos parasitas de plantas. Tese de Mestrado, Faculdade de Agricultura, Universidade do Cairo.

El-Nagdi, W.M. e **M.M. Youssef. 2004**. Embeber sementes de fava em alguns bioagentes como tratamento profilático para controlar a infeção pelo nemátodo das galhas *Meloidogyne incognita. JournalofPestScience.Il* (2):75-78.

Elsen, A.; H. Baimey; R. Sweenen, e **D. De Waele. 2003**. Dependência micorrízica relativa e interação micorriza-nemátodo em cultivares de banana (*Musa* spp.) que diferem na suscetibilidade a nemátodos. *PlantandSoil.* **256**(2):303-313.

Esser, R.P. e **T.S. Schubert. 1983**. Fungos que prendem nematóides por gotículas mucilaginosas carregadas em células glandulares. Fla. Dept. Agric. & Consumer Services, Division ofPlant Industry. *Nematology Circular* No. 95. 2 pp.

Esser, R.P. e **W.H. Rhidings. 1973.** Patogenicidade de nemátodos selecionados por *Catenaria anguillulae. Sociedade de Ciência das Culturas de Soiland.* Fla. **33:**60-64.

Habte, M.; Y.C. Zhang e **D.P. Schmitt. 1999**. Eficácia das espécies de *Glomus* na proteção do trevo branco contra os danos causados por nemátodos. *Journal of Canada Botany.* **7**: 135-139.

Hames, B.D. e **D. Rickwood. 1981.** Gel Electrophoresis of Protein (eds.): A Practical Approach.l-91.IRL Press, Oxford e Washington, D.C.

Hatz, B. e **D.W. Dickson. 1992**. Effect of temperature on attachment, development, and interactions of *Pasteuria penetrans* on *Meloidogyne arenaria. JournalofNematology.* **24**(4): 512-521.

Hussey, R.S. e **K.R. Barker. 1973**. Uma comparação de métodos de recolha de inóculos de *Meloidogyne* spp. Incluindo uma nova técnica. *Plant Disease Report*. **57**:10251028.

Ignoffo, C.M. e **V.H. Dropkin. 1977**. Efeitos deletérios da toxina termoestável de *Bacillus thuringiensis* em espécies de nematóides inibidores de solo, miceliófagos e parasitas de plantas. *Journal of the Kansas Entomological Society* **50**(3):394-398.

INVAM:http//www.invam. caf.wvu.edu/fungi/taxonomy/glomineae.htm_Interring Fri,16 May2003,18:39:08GMT.

Jackson, M.L. 1973. Soil Chemical Analysis. Prentice- Hall of India Private limited, M-97, Connaught circus, New Delhi-1.

JaizmeVega, MC; P. Tenoury; J. Pinochet, e **M. Jaumot. 1997**. Interações entre o nemátodo das

galhas *Meloidogyne incognita* e *Glomus mosseae* na bananeira. *PlantSoil* **196**: 27-35.
Jeun, Y.C.; K.S. Park; C.H. Kim; W.D. Fowler, e J.W. Kloepper. 2004. Observações citológicas de plantas de pepino durante a resistência induzida por rizobactérias. *Biological Control* **29**(1): 34-42.
Koske, R.E. e **J. N. Gemma. 1989.** Um procedimento modificado de coloração para detetar micorrizas VA. *MycologicalResearch* **92:**486-505.
Luo, K. e **M.J. Adang. 1994**. Remoção do fragmento de toxina adsorvido que modifica a iodação e ligação de *Bacillus thuringiensis* CryIC 5-endotoxina por tratamento com dodecil sulfato de sódio e renaturação. *Applied and Environmental Microbiology* **60**:2905-2910.
Mankau, R. 1975. *Bacillus Penetrans* n. comp. causando uma doença virulenta de nemátodo parasita de plantas. *Journal oflnvertebrate Pathology* 26:333-339.
Mankau, R. e **N. Prasad. 1972**. Possibilidades e problemas na utilização de um endoparasita esporozoário para o controlo biológico de nemátodos parasitas de plantas. *Nematropica,* **2**:78.
Mankau, R. J.; L. Imbriani, e **H. Bell. 1976**. Observações SEM sobre a penetração da cutícula de nematóides por *Bacilluspenetrans. JournalofNematology.***8**:179-181.
Marroquin, L.D.; D. Elyassnia; J.S. Griffitts; J.S. Feitelson e **R.V. Aroian. 2000**. Suscetibilidade à toxina de *Bacillus thuringiensis* (*Bt.*) e isolamento de mutantes de resistência no nemátodo *Caenorhabditis elegans. Genetics Society of America.* **155**:1693-1699.
Martin, P.A. e **R.S. Travers. 1989**. Abundância e distribuição mundial de isolados *de Bacillus thuriniensis. Applied and Environmental Microbiology* **55**: 24372442
Medina, J.R.; D.D. Torres; R.A. Zorilla; R.G. Davide, e **D.R. Santiago. 1990**. Tecnologias promissoras de controlo biológico para a gestão integrada de pragas. Colégio, Laguna, Filipinas 14.
Morton, J.B. e **G.L. Benny. 1990**. Revised classification of arbuscular mycorrhizal fungi (Zygomycetes): a new order Glomales, two new suborders, Glominae and Gigasporinae, and two new families, Acaulosporaceae and Gigasporaceae, with an emendation of *Glomaceae. Mycotaxon* **37:** 471-491.
Murty, M.G.; G. Srinivas; S.B. Roop, e **V. Sekar. 1994**. Um método simples para a separação de cristais de proteína de *Bacillus thuringiensis* usando cromatografia em coluna de carboximetilcelulose. *Journal of Microbiological Methods* **19**:103110.
Nagesh, M; P.P. Reddy; M.V. Kumar, e **B.M. Nagaraju. 1999**. Estudos sobre a correlação entre a densidade de esporos de *Glomus fasciculatum*, a colonização de raízes e a infeção por *Meloidogyne incognita* em *Lycopersicon esculentum. Plant Diseases and Protection* **106**(1):82-87.
Oostendorp, M; D.W. Dickson, e **D.J. Mitchell. 1990**. Host range and ecology of isolates of *Pasteuria spp.* from the southeastern United States, *Journal of Nematology.* **22**:524-531.
Osman, G.Y., F.M. Salem, e **A. Ghattes. 1988**. Bio-eficácia de duas estirpes de inseticida de *Bacillus thuringiensis* como agente de controlo biológico em comparação com um nematicida Nemacur, em certos nemátodos parasitas. *Anzeiger fuer schadlingskde., Pflanzenschutz, Umweltshutz,* **61**: 35-37
Page, A.L.; R.H. Miller, e **D.R. Keeney. 1982.** Methods of soil analysis. part 2. chemical and microbiological properties, 2nd ed., American society of Agronomy, Madison. 149-430.
Page, S.L., e **J. Bridge. 1985**. Observações sobre *Pasteuria penetrans* como parasita de *Meloidogyne acronea. Nematologica* **31**:238-240.
Palm, E.W. 1981. Estimativa das perdas de culturas sem a utilização de fungicidas e nematicidas e sem controlos não químicos nos EUA, C-R-C- Handbook PestManage-Agric. Boca raton, Fla. **1**:139-158.
Pandey, R.; M.L. Gupta; H.B. Singh, e **S. Kumar. 1999**. The influence of vesicular-arbuscular mycorrhizal fungi alone or in combination with *Meloidogyne incognita* on *Hyoscyamus niger* L. *Bioresource Technology*. **69**:275-278.
Parry, J.M.; P.C. Turnbull e **J.R. Gibson. 1983**. A colour atlas of *Bacillus* species. Wolfe Medical Publication, Inglaterra.
Piper, C.S. 1950. Análise do solo e das plantas. Instituto de Investigação Agrícola, Univ. de Adelaide, Austrália.
Pitcher, R.S. e **J.J. Flegg. 1968**. Uma peneira de separação final melhorada para a extração de nemátodos parasitas de plantas de detritos do solo. *Nematologica* **14**:123-127
Platzer, A.C. e **E.G. Platzer. 1999**. Interação de *Catenaria anguillulae* com *Romanomermis culicivorax. JournaloflnvertebratePathology*. **73**(2):147-153.
Ramamoorthy, V.; R. Viswanathan; T. Raguchander; V. Prakasam, e **R. Samiyappan. 2001**. Indução de resistência sistémica por rizobactérias promotoras do crescimento de plantas em plantas cultivadas contra pragas e doenças. *Crop Protection* **20**(1):1- 11.
Rao, M.S. e **S.R. Gowen. 1998**. Biogestão de *Meloidogyne incognita* no tomateiro através da integração de *Glomus deserticola* e *Pasteuria penetrans.* Journal of *PlantDiseases andProtection*. **105**:49-52.
Rao, M.S.; B.R. Kerry; S.R. Gowen; J.M. Bourne e **P.P. Reddy. 1997**. Gestão de *Meloidogyne incognita* em viveiros de tomate pela integração de *Glomus deserticola* com *Verticillium chlamydosporium. Journal of Plant Diseases and Protection* **104**(4): 419-422.
Richards, L.A. (eds). **1954**. Diagnosis and improvement of saline and alkali soils (Diagnóstico e melhoramento de solos salinos e alcalinos). U.S.D.A. Handbook No.60.

Rivas-Platero, G.G. e **J.C. Andrade. 1998**. Interação de fungos micorrízicos e *Meloidogyne exigua* no café. *Manejo Integrado de Plagas* (Costa Rica) **49**:68-72
Rivas-Platero, G.G.; T. Rojas Miranda, e **J. Cuervo Andrade. 1998**. Interaccion del hongo vesiculo arbuscular *Glomus* spp. con *Meloidogyne arabicida* en tomate. *Manejo Integrado de Plagas* (Costa Rica) **47**: 41-43.
Sayre, R.M. 1980. Biológico: *Bacillus penetrans* e parasitas relacionados de nematóides. *Journal ofNematology.* **12**:260-270.
Sayre, R.M. e **W.P. Wergin. 1977**. Parasita bacteriano de um nemátodo de planta: Morphology andultrastructure. *JoumalofBacteriology* **129**: 1091-1101.
Sayre, R.M., e **M.P. Starr. 1988**. Bacterial disease and antagonists of nematodes. Pp. 69-101 *In* Poinar, G. O., and Hans-Borje Jansson, (eds.) Disease of nematodes. Vol. I. Boca Raton, Fl: CRG press.
Schuerger, A.C. e **D.J. Mitchell. 1992**. Efeitos da temperatura, da concentração de iões de hidrogénio, da humidade e da qualidade da luz na doença causada por *Fusarium solani; F.* sp. Em mungbean. *CanadianJournalofBotany* **70**:1798-1808.
Schwob, I.; M. Ducher, e **A. Coudret. 1999**. Efeitos de fatores climáticos sobre micorrizas arbusculares nativas e *Meloidogyne exigua* em uma plantação de seringueira brasileira (*Hevea brasiliensis*). *PlantPatholology.***48**(1):19-25.
Serracin, M.; A.C. Schuerger; D.W. Dickson e **D.P. Weingartner. 1997**. Desenvolvimento dependente da temperatura de *Pasteuria penetrans* em *Meloidogyne arenaria. JournalofNematology* **29**(2): 228-238.
Serracin, M.; A.C. Schuerger; D.W. Dikson; D.P. Weingartner, e **T. E. Hewlett. 1994**. Um método alternativo para a cultura de *Pasteuria penetrans. Journal ofNematology.* **26**:565.
Sharma, S.B. e **K.G. Davies. 1996**. Caracterização de *Pasteuria* isolada de *Heterodera cajani* usando morfologia, patologia e serologia de endosporos. Syst-Appl-Microbiol. Stuttgart; NewYork **19**(1): 106-112.
Siddiqui, I.A. e **S.S. Shaukat .2002**. Indução de resistência sistémica (ISR) mediada por rizobactérias no tomateiro contra *Meloidogyne javanica. Journal of Phytopathology.* **150**(8-9): 469-473.
Siddiqui, I.A., S.E. Haque, e **S. S. Shaukat. 2001**[b] Utilização de rizobactérias no controlo do complexo de doenças do nó da raiz e da podridão radicular do feijão-mungo. *Journal of Phytopathology* **149**(6): 337-346.
Siddiqui, Z.A. 2004. Efeitos de bactérias promotoras do crescimento de plantas e fertilizantes orgânicos compostos na reprodução de *Meloidogyne incognita* e no crescimento do tomate. *Bioresource Technology.***95**:223-227.
Siddiqui, Z.A. e **I. Mahmood. 1996**. Controlo biológico de *Heterodera cajani* e *Fusarium udum* em feijão-guandu por *Glomus mosseae, Trichoderma harzianum* e *Verticillium chlamydosporium. IsraelJournalofPlantSciences.* **44**(1):49-56.
Siddiqui, Z.A. e **I. Mahmood. 1998**. Efeito de uma bactéria promotora de crescimento de plantas, um fungo AM e tipos de solo nas morfometrias e reprodução de *Meloidogynejavanica* no *tomate. Applied SoilEcology.* **8**(1-3): 77-84.
Siddiqui, Z.A. e **I. Mahmood. 1999**. Papel das bactérias na gestão de nemátodos parasitas de plantas. *Bioresource Technology.* **69**(2):167-179.
Siddiqui, Z.A.; I. Arshid, e **I. Mahmood. 2001**[a] . Efeito de *Pseudomonas fluorescens* e fertilizantes na reprodução de *Meloidogyne javanica* e no crescimento do tomateiro. *Applied SoilEcology.* **16**:179-185.
Sndecor, J.W. e **W.G. Cochran. 1967.** Statistical Methods. Sexta edição. Imprensa da Universidade Estadual de Lowa, EUA.
Stanley T.W.; M.E. Sharpe e **G.H. John** (eds**). 1989**. Bergey's mannual of systematic bacteriology 4:2601-2615.
Stirling, G.R. 1981. Efeito da temperatura na infeção de *Meloidogyne javanica* por *Bacilluspenetrans. Nematologica* **27**:458-462.
Stirling, G.R. 1984. Controlo biológico de *Meloidogyne javanica* com *Bacillus penetrans. Fitopatologia* **74**:55-60.
Stirling, G.R. e **R. Mankau. 1978**. Parasitismo de ovos *de Meloidogyne* por um novo parasita fúngico. *JournalofNematology.* **10**:236-240.
Talavera, M.; K. Itou, e **T. Mizukubo. 2001**. Redução dos danos provocados por nemátodos através da colonização de raízes com micorrizas arbusculares (*Glomus* spp.) em patossistemas de tomate-*Meloidogyne incognita* (Tylenchida : Meloidognidae) e cenoura-Pratylenchus *penetrans* (Tylenchida : Pratylenchidae). *Applied Entomology and Zoology*. **36**(3):387-392.
Talavera, M.; K. Itou, e **T. Mizukubo. 2002**. Aplicação combinada de *Glomus* sp e *Pasteuria penetrans* para reduzir as populações de *Meloidogyne incognita* (Tylenchida: Meloidogynidae) e melhorar o crescimento do tomate. *Applied Entomology andZoology*. **37**(1):61-67.
Taylor, A.L.; V.H. Dropkin e **G.C. Martin. 1955.** Perineal pattern of root-knot nematodes, *Phytopathology.* **45:**26-34.
Taylor, D.P. e **C. Netscher. 1974.** Uma técnica melhorada para preparar padrões perineais de *Meloidogyne* spp., *Nematologica.* **20:**268-269.

Thorne, G. 1940. *Duboscqia penetrans n. sp.* (Sporozoa, Microsporidia, Nosematidae), um parasita do nemátodo *Pratylenchus pratensis* (de Man) Filipjev. Actas da *Sociedade Helmintológica* de Washington 7:51-3
Trappe, J.M. e **R. Molina. 1986**. Taxonomia e genética dos fungos micorrízicos: suas interações e relevância. In: Gianinazzi-Pearson V e Gianinazzi S *Mycorrhizae: Physiologyand Genetics.* INRA, Paris. 133-146.
Tribe, H.T. 1977[a] . Um parasita de quistos brancos de *Heterodera: Catenaria auxiliaries. Transactions of the BritishMycological Society* **69**:367-376
Tribe, H.T. 1977[b] . Patologia dos nemátodos de quisto. *BiologicalReviews* **52**:477-507.
Trivino, C.G. e **S.R. Gowen. 1996**. Implantação de *Pasteuria penetrans* para o controlo do nemátodo do nó da raiz no Equador. Brighten crop protection conference pests and diseases. 389-392.
Walker, C. 1992. Systematics and taxonomy of the arbuscular mycorrhizal fungi. *Agronomie* **12**:887-897.
Walker, G.E. e **M.F. Wachtel. 1988**. A influência da solarização do solo e de nematicidas não fumigantes na infeção de *Meloidogyne javanica* por *Pasteuria penetrans. Nematologica.* **34**:477-483.
Weibelzahl-Fulton,E.; D.W. Dickson e **E.B. Whitty. 1996**. Supressão de *Meloidogyne incognita* e *M. javanica* por *Pasteuria penetrans* em solo de campo. *JournalofNematology,* **28**(1): 43-49.
Williams, A.B.; G.R. Stirling; A.C. Hayward, e **J. Perry. 1989**. Propriedades e tentativa de cultura de *Pasteuria penetrans,* um parasita bacteriano do nemátodo das galhas (*Meloidogynejavanica). JournalofAppliedBacteriology.***67**:145-156.
Zizlstra, Carolein; D.T. Donkers-venne e **M. Fargette. 2000**.Identification of *Meloidogyne incognita, M.javanica and M.arenaria* using sequence characterized amplified region (SCAR) based PCR assays. *Journal of Nematology.* **2**(8):847- 853.
Zouhar, M.; P. Rysanek, e **M. Kocova. 2000**. Deteção e diferenciação dos nemátodos de quisto da *batateira Globodera rostochiensis* e *G. pallida* por PCR. *Ciência da Proteção das Plantas.* **36**(3):81-84.
Zuckerman, B.M. Dicklow, e **N. Acosta. 1993**. Astrain of *Bacillus thuringiensis* for the control of plant parasitic nematodes. *Biocontrol Science and Technology.* **3**:41-46.

الملخص العربى

ان من اهم العقبات التى تواجه انتاج الحاصلات الزراعية فى العالم هى الاضرار الناجمه عن الاصابات بالنيماتودا المتطفله نباتياً. وخاصه نيماتودا تعقد الجذور. والتى تنتشر على نطاق واسع فى مصر لذا فان نيماتودا تعقد الجذور لها اهميه اقتصادية كبيره وذلك يرجع الى اصابه معظم محاصيل الخضر الاقتصادية والزينه والمحاصيل الحقليه والفاكهه لكونها من العوائل القابله للاصابة بواحد او اكثر من انواع نيماتودا تعقد الجذور خاصة فى الاراضى الرملية والاراضى حديثة الاستصلاح. لذا كان الهدف من اجراء هذا البحث هو استخدام الكائنات الحية الدقيقة او منتجاتها لمقاومه نيماتودا تعقد الجذور بدلاً عن استخدام المبيدات النيماتوديه والتى ثبت ان لها تأثيرات خطيره على صحة الانسان وتوازن البيئة والابقاء على بيئتنا خالية من التلوث الناتج عن استخدام هذه المبيدات. ونتائج هذا العمل يمكن تلخيصها فى الاتى:

١- النوع الذى تم عزله وتعريفه لنيماتودا تعقد الجذور المعزوله من نباتات الطماطم المصابه والمجمعه من محافظة الاسماعيلية و منطقة الصالحيه بمحافظة الشرقيه عرفت على انها *Meloidogyne incognita* معتمداً فى ذلك على شكل النموذج العجانى Perineal pattern كما تم تأكيد النتيجة بستخدام تقنية PCR والتى تطابقت فى نتائجها مع النتيجة السابقة.

٢- تم عزل فطريات الميكوريزا من النوع AM والتى تم تجميعها من حقول نباتات البرسيم والتى عرفت على انها تتبع الجنس *Glomus*. وقد تم تنميتها فى صوره نقيه على جذور نبات النجيل.

٣- تم عزل وتنقية لاحدى الفطريات المتطفله على بيض النيماتودا والذى عرف على انه *Catenaria* sp.

٤- تم عزل بعض العزلات البكتيريه من منطقة الريزوسفير نبات الطماطم وعرفت هذه العزلات على انها *Bacillus thuringiensis*, *B. amyloliquefaciens* *B. subtilis* -*B. cereus*, *Pseudomonas putida*, *P. florescens* and *Serratia marcenses*.
كما تم عزل بكتيريا *Pasteuria penetrans* من بعض اناث نيماتودا تعقد الجذور المصابه و نميت بطريقة زراعة الانسجة للحصول على اللقاح الخاص بتجارب هذه الدراسه.

٥- أظهرت المعامله بفطريات الميكوريزا تأثيرا على نمو نباتات الطماطم وكذلك على تكاثر نيماتودا تعقد الجذور وقد درست فطريات الميكوريزا فى اربعة مستويات (صفر، ٤٠٠،

٦٠٠، ٨٠٠ و ١٠٠٠ جرثومه /النبات) فى وجود مستويين من التسميد الفسفورى (صفر، ٦٠ ميكروجرام فسفور/ جم من التربه) بالاضافة للعدوى بالنيماتودا بمستويين (صفر و٤٥٠ يرقه /نبات) .وكانت افضل النتائج التى تم تسجيلها على النبات (الوزن الجاف للمجموع الخضرى – الوزن الطازج للجذر وطول النبات) فى المعاملات التى لقحت بفطر الميكوريزا بمعدل ١٠٠٠ جرثومه/نبات وعند مستوى التسميد الفسفورى ٦٠ ميكروجرام فسفور/جرام من التربه. بالاضافة الى ان التلقيح بهذا المعدل من جراثيم الميكوريزا اعطى لجذور نبات الطماطم وقاية عالية من عدوى الاصابه بنيماتودا تعقد الجذور وذلك من خلال التوطيد الفطرى المتكتل لفطر الميكوريزا بداخل جذور نبات الطماطم. كما ان هذه النتائج انعكست على تعداد النيماتودا (يرقة/١٠٠سم^{٣} من التربه ، كتله بيض/المجموع الجذرى وكذلك اعداد البيض/كتلة بيض) والتى تناقصت فى وجود فطر الميكوريزا . كما اوضح تأثير فطريات الميكوريزا على نباتات الطماطم من خلال مقارنسه حزم البروتين لاوراق نبات الطماطم المصاب والسليمه بواسطة التفريد الكهربى وقد اعطت النباتات التى عوملت بفطريات الميكوريزا عدد من حزم البروتين اكبر مما هو فى غيابها او فى وجود النيماتودا.

٦- أظهرت الدراسه نجاح استخدام فطر *Catenaria* sp. والذى يعد من الفطريات التى تتطفل على بيض النيماتودا.وقد اثبتت هذه الدراسه تطفله على بيض نيماتودا تعقد الجذور لاول مره فقد كانت نسبة الموت التى يحدثها الفطر لبيض نيماتودا تعقد الجذور تزداد بزيادة اللقاح المستخدم من الفطر. و يظهر الفطر المتطفل بداخل قشرة البيضة بعدما يكون قد استهلك كل ما بها من مكونات . كما ان كفاءة الفطر تزداد فى درجات الحرارة المنخفضة (١٠°م).

٧- تمت دراسة تأثير بكتيريا *Bacillus thuringiensis* على تعداد نيماتودا تعقد الجذور النامية على جذور الطماطم ، وقد استخدمت البكتيريا فى اربعة صور هى السم الخارجى Exotoxin، السم الداخلى Endotoxin ، جراثم البكتيريا وكذلك الخلايا الخضريه . وكانت افضل النتائج المتحصل عليها تظهر فى حاله المعامله بالسم الخارجى Exotoxin للبكتيريا. وقد يرجع هذا التأثير الى التأثير الظاهرى للسم الخارجى على جسم اليرقات وخاصة منطقه الراس وما يوجد بها من مستقبلات حسية.

٨- تمت دراسة تاثير ثلاث انماط من التربه (رمليه – رملية طينية. طينية) على نشاط وبقاء الجراثيم الداخلية لبكتيريا *Pasteuria penetrans* فى التربه وقد اظهرت النتائج ان

التربه الطينية هى افضل الانواع فى الحفاظ على بقاء الجراثيم الداخلية وكذلك على نشاطها.

٩- وبدراسة تأثير درجة الحرارة المثلى لعملية الالتصاق لجراثيم بكتيريا *P. penetrans* على الكيوتيكل الخارجى لليرقات حديثة الفقس اظهرت النتائج ان درجه الحراره المثلى لحدوث التصاق الجراثيم هى ٢٨ °م بغض النظر عن كثافة اللقاح المستخدم.

١٠- تمت دراسة تاثير اختلاف تركيزات الجراثيم الداخلية لبكتيريا *P. penetrans* المستخدمة فى معاملة اليرقات على عملية الالتصاق وتطور و تكاثر الطور اليرقى الثانى لنيماتودا تعقد الجذور و المنمى على جذور نباتات الطماطم . فكانت النتائج تشير الى تزايد اعداد الجراثيم الملتصقة بزيادة كثافة اللقاح المستخدم وكذلك زيادة كثافة الجراثيم فى التربه الناتجه فى نهايه التجربه.

١١- تم استخدام تقنيه زراعه الانسجة لاكثار الجراثيم الداخلية لبكتيريا *P. penetrans* معمليا بواسطه تطفلها على الطور اليرقى الثانى لنيماتودا تعقد الجذور المنمى على جذور نباتات الطماطم فى بيئة MS واستخدام نواتج التنمية كلقاح حيوى للحد من الاصابه بنيماتودا تعقد الجذور.

١٢- استخدمت بعض من عزلات محفزات النمو البكتيريه Plant growth promoting rhizobacteria (PGPR) لدراسه تأثيرها على نمو نباتات الطماطم فى وجود او عدم وجود الاصابه النيماتوديه. فقد اظهرت العزلات المختبرة من PGPR قدره متفاوته فى مقاومه النيماتودا المتطفله نباتيا واتضح ذلك من خلال انخفاض الضرر الناتج عن الاصابه بالنيماتودا وزيادة نمو النبات وكانت اقوى هذه العزلات تأثيرا هى *Serratia marcences* ـ *Pseudomonas putida* و *Bacillus amyloliquefaciens* كما انخفضت اعداد النيماتودا فى التربه وفى انسجة النبات جراء المعامله.

١٣- تم تخليق مركب حيوى من معظم الكائنات المختبرة من الفطريات والبكتيريا والتى لم تبدى اى تضاد كبير فيما بينها يمنع ظهور تأثير الكائنات المستخدمه على النيماتودا واطوارها المختلفة واعطى اسم Bio- STAM . فقد كانت اعلى قيم للنمو الخضرى تظهر عند معاملة النباتات بهذا المركب يلى ذلك النباتات الكنترول ثم النباتات التى تم معاملاتها بالمركب الحيوى فى وجود الاصابه بنيماتودا تعقد الجذور . كما اظهر هذا المركب فاعليه عالية فى الحد من تعداد وتكاثر نيماتودا تعقد الجذور مقارنه بالمعاملات التى خلت من اضافة هذا المركب الحيوى .

إستخدام بعض الكائنات الرقيقة أو منتجاتها لمقاومة النيماتودا المتطفله نباتياً

رســاله مقدمــه من

تامر شوقي عبد المنعم

بكالوريوس فى العلوم الزراعية (وقاية النبات) جامعة قناة السويس ١٩٩٦

ماجستير فى العلوم الزراعية (أمراض نبات) جامعة قناة السويس ٢٠٠١

للحصول على درجــة دكتوراه الفلسفه

فى

العلوم الزراعية- أمراض نبات

قسم النبات الزراعــى -كلية الزراعـه- جامعة قناة السويس

MIX
Papier aus verantwortungsvollen Quellen
Paper from responsible sources
FSC® C105338

Printed by Books on Demand GmbH, Norderstedt / Germany